城市绿地生态系统服务功能研究

ECOSYSTEM SERVICES OF URBAN GREEN SPACES

韩依纹 著

中国建筑工业出版社

图书在版编目（CIP）数据

城市绿地生态系统服务功能研究 = ECOSYSTEM SERVICES OF URBAN GREEN SPACES / 韩依纹著. — 北京: 中国建筑工业出版社，2021.9
ISBN 978-7-112-26446-9

Ⅰ.①城… Ⅱ.①韩… Ⅲ.①城市绿地—生态系统—服务功能—研究 Ⅳ.①S731.2

中国版本图书馆CIP数据核字（2021）第159521号

责任编辑：刘　丹　陆新之
版式设计：锋尚设计
责任校对：张　颖

城市绿地生态系统服务功能研究
ECOSYSTEM SERVICES OF URBAN GREEN SPACES
韩依纹　著

*

中国建筑工业出版社出版、发行（北京海淀三里河路9号）
各地新华书店、建筑书店经销
北京锋尚制版有限公司制版
北京中科印刷有限公司印刷

*

开本：787毫米×1092毫米　1/16　印张：8¾　字数：150千字
2021年9月第一版　2021年9月第一次印刷
定价：**50.00**元
ISBN 978-7-112-26446-9
（37957）

序

我与韩依纹老师比较有缘，她于2009年本科一毕业便执意加入我的团队从事风景园林规划设计工作，对风景园林有一种天生的执着与倔犟。后来她凭借自身努力考取西北农林科技大学硕士，毕业后有清华大学建筑设计研究院的短暂历练，再后来到世界知名的首尔大学攻读博士，以及以优秀成绩入职华中科技大学景观学系，每一步均是她独立自主地运筹，依靠自身的聪明才智走出来的。平心而论，在生活条件更加优越的今天，没有一种持之以恒、发奋图强的毅力与自律，是难以自主取得上述学业与成绩的。故而，韩依纹老师堪称当代青年学子的优秀楷模！其后付出的艰辛与汗水是不言而喻的，有没有伴随着泪水与辛酸就不得而知了。

当今我国生态文明被提升到一个前所未有的高度，城乡规划正处在向国土空间规划转型阶段，风景园林在国土空间规划中的地位、内涵也在经受一场前所未有的变革：其中城市绿地系统正在向强调生态系统服务功能的生态空间规划转型，生态空间规划则提升成为国土空间规划中法定、可操作的体系。在该背景下，韩依纹老师的专著《城市绿地生态系统服务功能研究》及时面市，对巩固风景园林在国土空间规划体系中的地位，凸显这俩学科密不可分关系之时，其重要的理论与实践指导意义便不言自明了。

本书从绿地生态系统服务理论内涵、功能特征以及评估技术方面进行探究，不仅有较为严密的理论论述，而且还有翔实的实例展现，是本理论深度和实用价值并存的论著。希望本书能对风景园林、城乡规划学科的城市绿地生态系统服务功能评估以及城市绿地系统规划的理论与实践有所裨益，也希望该书能成为建筑、规划、风景园林等专业学生、国土空间规划师、国土资源与城乡规划管理等相关人士的良师益友。

2021年8月于喻园

前言

笔者自2014年进入韩国首尔大学攻读造境工学博士学位以来，致力于城市生物多样性与生态系统服务功能评估相关研究。本书基于笔者博士论文成果，在2018年入职华中科技大学建筑与城市规划学院之后，历经两年时间最终完成。

全书递进式的阐述了“生态系统服务基础理论—城市绿地生态系统服务特征—研究案例实证”三个章节的内容。前两章综合评述了国内外绿地生态系统服务理论与评估技术的研究进展，其部分内容已整理发表在2018年第十期的《中国园林》杂志上[①]；第三章是本书的研究案例部分，也是笔者在韩国求学四年间历经实地调研、数据收集等过程辛勤完成的实证研究。韩国首尔作为亚洲的代表性城市之一，其城市建设区域占据国土面积的16.6%，却集中了全国91.8%人口，使得生态系统处于超负荷的状态，在快速的城市化进程中建设用地的大幅增加，致使自然生境片段化、侵蚀从而影响其提供的生态系统服务功能。三个研究案例以韩国首尔特别市为目标区域，在市域尺度、城区尺度和场地尺度三个层次分别评估了首尔市1970年代至今绿地的碳储存、生物多样性和微气候调节功能特征与变化，在笔者的博士生导师宋泳根（Youngkeun Song）教授的指导和支持下完成。

其中，“首尔市七区新发展林地景观格局对历史残存生境质量的影响”研究得益于加州大学戴维斯分校的詹姆斯·特罗恩（James Throne）教授和韩国建国大学的康万漠（Wanmo Kang）教授的指点和帮助，其成果内容已在《城市林业与城市绿化》（*Urban Forestry & Urban Greening*）杂志发表[②]；“首尔市冠岳山林边缘区域的微气候变化特征”研究由笔者在首

---

① 韩依纹，戴菲. 城市绿色空间的生态系统服务功能研究进展：指标、方法与评估框架[J]. 中国园林，2018，34（10）：55-60.

② HAN Y, KANG W, THORNE J, ET AL. (2019) Modeling the effects of landscape patterns of current forests on the habitat quality of historical remnants in a highly urbanized area[J]. Urban Forestry & Urban Greening, 2019, 41, 354-363.

尔大学的同窗好友李英男博士（现任教于江苏大学）合作完成，数据监测与实验过程历经艰辛，最终成果已在《环境监测与评估》（*Environmental Monitoring and Assessment*）杂志发表[①]。期待本书能对全球其他类似韩国首尔这样人口高密度区域的生态保护实践提供科学依据和借鉴。

2021 年 8 月于华中科技大学南四楼

---

① LI Y, KANG W, HAN Y, SONG Y. Spatial and temporal patterns of microclimates at an urban forest edge and their management implications[J]. Environmental monitoring and assessment,2018,190(2): 93.

本书术语缩写释义

生态系统服务（Ecosystem Services，ESs）

千禧年生态系统评估报告（Millennium Ecosystem Asse-ssment，MA）

生物多样性和生态系统服务政府间科学政策平台（Intergove-rnmental Science-policy Platform on Biodiversity and Ecosystem Services，2012，IPBES）

生态系统和生物多样性经济学（The Economics of Ecosys-tems and Biodiversity，TEEB ）

文化生态系统服务（Cultural Ecosystem Services，CESs）

生态系统服务和权衡的综合评估模型（Integrated Valuation of Ecosystem Services and Tradeoffs，InVEST）

评估和管理林地和社区树木工具（Tools for Assessing and Managing Forests and Community Trees，iTREE）

生态系统服务设计价值模型（Social Values for Ecosystem Services，SolVES）

土地利用和土地覆盖（Land Cover and Land Use，LULC）

历史林地残存斑块（Historical Forest Remnants，HFRs）

目录

第1章

生态系统服务

ECOSYSTEM SERVICES OF URBAN GREEN SPACES

第一节 理论发展

一、生态系统服务概念发展历程

"生态系统服务"（ecosystem services, ESs）被定义为自然生态系统及其物种为维持人类生活而提供的一系列条件和过程[①]，是人类直接或间接地从生态系统中得到的福祉[②]（图1-1）。ESs概念的提出可追溯到20世纪70年代初的文献《人类对全球环境的影响报告》（*Man's Impact on the Global Environment: Assessment and Recommendation for Action*），由联合国大学国际环境问题研究组发表。该报告首次使用了"环境服务"（environmental service）一词，为ESs概念的提出奠定了基础。这一时期虽然还未能量化自然为人类带来的福祉，但已经通过列举效益来阐述生态系统为人类供给的环境服务功能，如害虫控制、昆虫传粉、渔业、气候调节、水土保持、洪水控制、土壤形成、物质循环和大气组成等。

1997年，"生态系统服务"一词正式确立，由罗伯特·康斯坦萨（Robert

① DAILY G. Nature's Services: societal dependence on natural ecosystems [M]. Island Press, 1997.

② COSTANZA R, et al. The value of the world's ecosystem services and natural capital [J]. Nature, 1997, 387 (6630): 253-260.

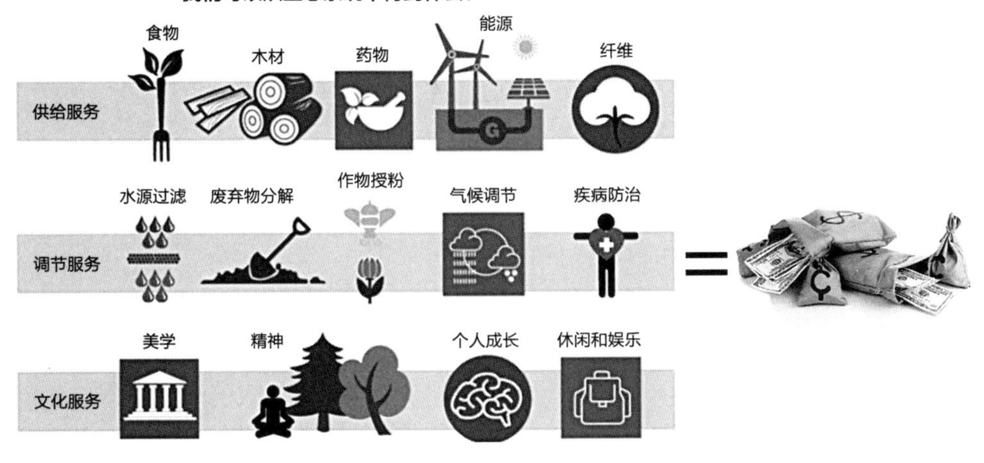

图1-1　生态系统服务价值示意图
（图片源自http://www.nerc-bess.net/wp-content/uploads/2017/02/UNESCO-EcosystemServices.gif）

Costanza）和他的合作者在《自然》上发文《全球生态系统服务和自然资本价值》（*The Value of the World's Ecosystem Services and Natural Capital*）对全球的ESs价值进行了估算，代表着地球总经济价值的一部分，此文将生态系统提供的产品和服务统称为ESs。康斯坦萨在对全球16个生物群落的17种ESs价值进行估算后发现：整个生物圈每年全球ESs值平均约合33万亿美元。其中，将ESs功能分为气体调节、气候调节、干扰调节、水体调节、水源供应、侵蚀控制和泥沙保持、土壤形成、营养循环、废物处理、授粉、生物防治、避难场所、食物生产、原材料、遗传资源、休闲游憩和文化（表1-1）。

生态系统服务功能 ESs　　表 1-1

序号	生态系统服务	生态系统功能	举例
1	气体调节	调节大气的化学组成	碳氧平衡、提供防护的臭氧、SO_x（硫氧化物）水平
2	气候调节	调节全球气温、降水和全球或地方层面其他生物介导的气候过程	温室气体调节，生产对云的形成产生影响的DMS（二甲基硫）
3	干扰调节	电容、阻尼与生态系统完整性对环境波动的反应	暴雨防护、防洪、干旱恢复等方面生境对环境变异的响应主要受植被结构控制

续表

序号	生态系统服务	生态系统功能	举例
4	水体调节	水文流量调节	提供农业用水（如灌溉）或工业生产或运输用水（如铣削）
5	水源供应	水的储存和保持	通过流域、水库和含水层供水
6	侵蚀控制和泥沙保持	土壤在生态系统中的保留	防止风力、径流或其他清除过程造成的土壤流失，为候鸟群在湖泊和湿地中提供支撑的地方
7	土壤形成	土壤形成过程	岩石的风化和有机物质的积累
8	营养循环	储存、内部循环、加工和营养素的获取	固氮、氮、磷等元素或养分循环
9	废物处理	流动营养物质的回收以及去除或分解多余的营养物质和化合物	废物处理，污染控制，解毒
10	授粉	花的配子	为植物种群的繁殖提供传粉者
11	生物防治	种群营养动态规律	关键捕食者控制被捕食物种，减少顶级捕食者的食草量
12	避难场所	常住和暂住人口的栖息地	苗圃、迁徙物种栖息地，区域、本地收获物种栖息地或越冬地
13	食物生产	可作为食物提取的初级生产总值的部分	通过狩猎、采集、自给农业或捕鱼生产鱼、猎物、农作物、坚果、水果
14	原材料	可作为原材料提取的初级生产总值的部分	木材、燃料或饲料的生产
15	遗传资源	独特生物材料和产品的来源	医药、材料科学产品、抗植物病原菌和农作物害虫基因、观赏植物（宠物和园艺植物品种）
16	休闲游憩	提供娱乐活动的机会	生态旅游、休闲钓鱼和其他户外娱乐活动
17	文化	为非商业用途提供机会	生态系统的美学、艺术、教育、精神或科学价值

康斯坦萨的出版成果是ESs价值研究的肇始，把ESs价值估算推向生态经济学研究的前沿。同年，美国生态学会（Ecological Society of America, ESA）的格雷琴卡拉戴蕾（Gretchen Cara Daily）出版了书籍《自然服务：社会对自然生态系统的依赖》（*Nature's Service: Societal Dependence on Natural Ecosystems*），将ESs定位为“生态系统及其生态过程所形成与维持的人类赖以生存的环境条件与效用”。书中用一个在月球上生活必需品的假设，罗列了生命保障系统必需的13项功能，包括净化空气和水、缓解洪涝干旱、废物的去毒和降解、形成和更新土壤及肥力、作物蔬菜传粉、控制潜在农业害

虫、种子扩散和养分迁移、维持生物多样性、防止紫外线、稳定气候、适当的温度范围和风力、多种文化和美学刺激[①]。随后在1999年，Jon Norberg对ESs的内涵进行了新的诠释。他认为ESs有三大功能，其功能的划分基于以下三个标准：①产品和服务是生态系统内部还是与其他生态系统共享？②产品和服务是物质还是非物质的？③产品和服务维持在生态系统的哪个层次上？而后得出维系种群（提供视频、昆虫授粉等）、调节外来能量输入（如水土保持、土壤更新等）、生物实体的组织（从基因序列的组织方式到生态系统水平能量流动）三个类别。

二、国际联合评估平台

（一）千禧年生态系统评估报告（Millennium Ecosystem Assessment, MA, 2001~2005）

经历了数年发展，ESs广泛受到各界关注。2001~2005年，联合国环境公署（United Nations Environment Program, UNEP）完成了《千禧年生态系统评估报告（MA）》，这是世界首次在全球尺度上系统地揭示了各类生态系统的现状和变化趋势、未来变化情景和应对对策，其研究成果为改善生态系统的决策制定过程提供了科学依据。该项目为期四年，由来自95个国家的1300多名科学家参与了工作，主要评估了生态系统变化对人类福祉的影响，为加强生态系统保护、实现可持续利用、增加人类福祉奠定了科学基础。该报告关注于“生态系统及其服务是怎样改变的，是什么导致了这些变化，这些变化如何影响人类福祉，生态系统未来会怎样变化并对人类福祉产生什么影响，有哪些方式可以加强生态系统保护？”等核心问题，其中涉及多个生态系统类型，既包括自然生态系统，也包括人类改造的生态系统：从自然林地等相对未受干扰的生态系统，到具有混合人类使用模式的景观，再到由人类集中管理和改造的生态系统（如农业用地和城市地区）。

该报告将ESs分为“支持（supporting）、供给（provision）、调节（regulating）和文化（cultural）”4类服务类型，自提出至今被广泛应用，详述为：提供食品、水、木材和纤维的供给服务；调节气候、洪水、疾病、废物和水质的调节服务；以及支持服务，如土壤形成、光合作用和养分循环；提供娱乐、审美和精神利益的文化服务（图1-2）。同时，该报告明确提出了生态系统的状况和变化与人类福祉之间的密

---

① DAILY G C. Nature’s Service: Societal Dependence on Natural Ecosystems[M]. Washington D C: Island Press, 1997.

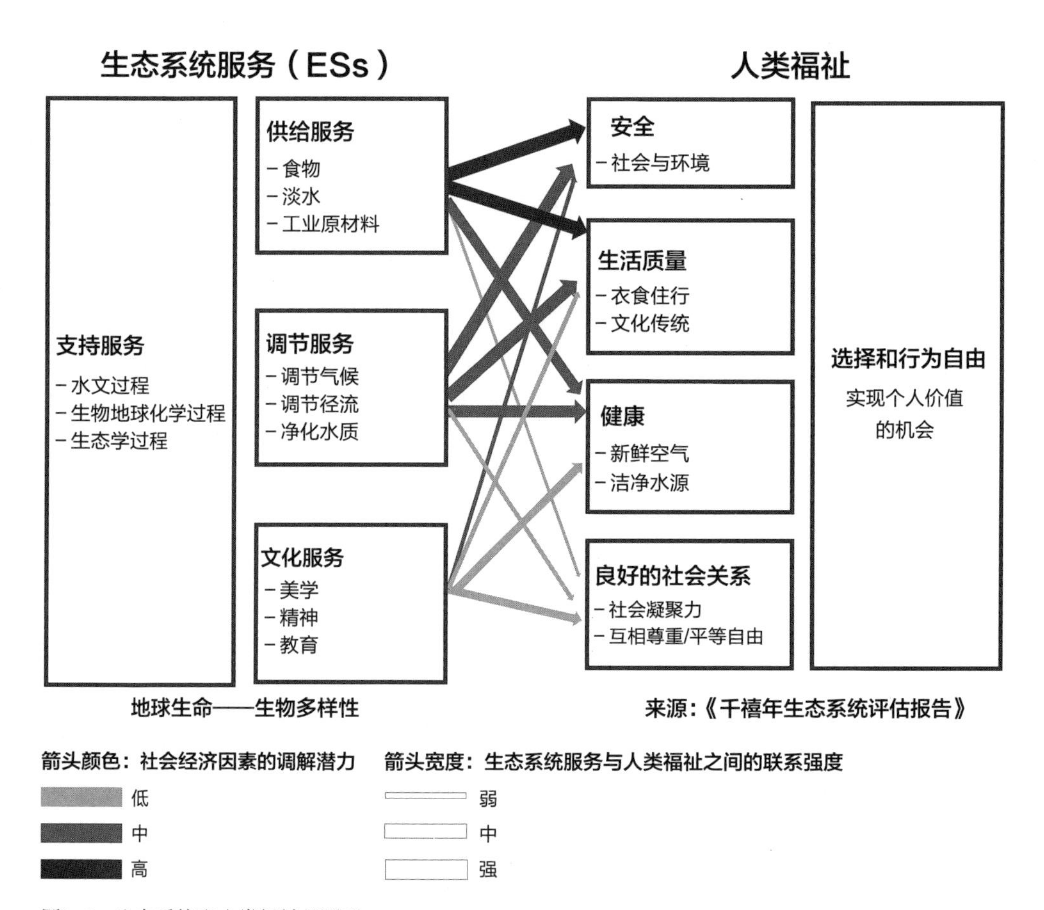

图1-2　生态系统和人类福祉的联系

切联系，将“生态系统与人类福祉”作为引领21世纪生态学发展的新方向。同时，该报告阐述了评估ESs与人类福祉之间相互关系的框架，并建立了多尺度、综合评估功能间相互关系的方法①。

（二）TEEB：“生态系统和生物多样性经济学”

继MA评估后，国际社会2007年又启动了一项跨国界的倡议，即“生态系统和生物多样性经济学”（The Economics of Ecosystems and Biodiversity, TEEB, 2007 ~ 2010）。TEEB是由八国集团和五个主要的发展中经济体发起的全球性研究，鉴于当时过度依赖于用市场价格去衡量事物的经济价值，而忽视自然隐形经济效益，导致生态系统退化和生物多样性丧失。TEEB将“生物多样性”与ESs“并驾齐驱”，认为其是支持供给服务、调节服务和文化服务的基础，重点关注生物多样性的全球经济效益、生物多样性丧失的代价和未能采取保护措施的代价（图1–3）。此外，TEEB不仅要求对生物多样性和ESs价值进行评估，还要求把评估

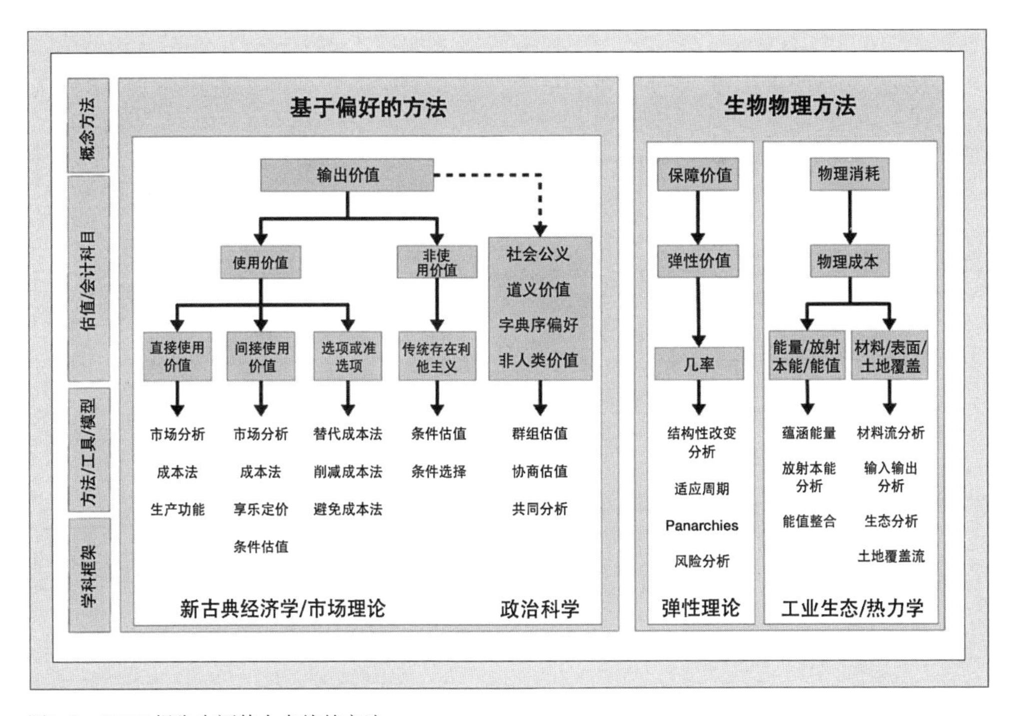

图1–3　TEEB报告中评估大自然的方法
（来源：http://teebweb.org/publications/teeb-for/synthesis/）

---

① 赵士洞，张永民. 生态系统与人类福祉——千年生态系统评估的成就、贡献和展望[J]. 地球科学进展，2006，21（9）：895-902.

结果融入国家规划、经济政策、生态补偿等中去，其是保护生物多样性的经济手段。

TEEB提出的生物多样性包括“生态系统多样性”“物种多样性”和“基因多样性”（表1–2），试图通过对自然隐形的经济效益加以量化和评估，转变人们的思维模式，从而减缓生态系统的退化和生物多样性的丧失。目前，全球30多个国家开展了TEEB的研究，其核心内容致力于提升全社会对生物多样性价值的认识；开发“生物多样性”和ESs价值评估的方法与工具；开发将“生物多样性”与ESs价值纳入决策、生态补偿、自然资源有偿使用的指标体系和工具与方法；通过经济手段推动生物多样性的主流化进程，从而提高生物多样性保护效果。全球“生物多样性”和ESs市场逐步与碳市场“并驾齐驱”（表1–3），改变经济激励措施和市场可有效应对生物多样性丧失。全球碳市场份额从2004年几乎为零增长到2009年1400亿美元以上，主要是由于担忧气候变化而推动新法规的结果。生物多样性“信贷”和流域保护等无形ESs的新市场也在形成，为新兴环境资产提供了当地和国际贸易的机会。TEEB通过对“生物多样性”和ESs的影响进行量化评估使人们更深刻认识到其价值，有助于形成更好反馈机制达成良性循环，让决策者、管理者、企业和公民接受这一思想并形成主流认识。这极大地促进了生物多样性相关政策的制定，也为《生物多样性公约》等相关国际行动提供了支撑。

生物多样性、生态系统和生态系统服务　　表1–2

生物多样性	生态系统产品和服务（举例）	经济价值（举例）
生态系统多样性（品种，范围）	娱乐 水源调节 碳储存	通过保护森林来减少温室气体排放：3.7万亿美元（净现值）
物种多样性（多样性，充足性）	食物，纤维，燃料 设计灵感 授粉	昆虫授粉者对农业产量的贡献：约1900亿美元/年
基因多样性（可变性，种群）	医学发现 抗病能力 适应能力	6400亿美元的医药市场中，25%～50%来自基因资源

生态系统服务价值全球市场　表 1-3

市场机会	市场规模（美元 / 年）		
	2008 年	预计到 2020 年	预计到 2050 年
认证农产品（如有机、保护级）	400亿（占全球粮食和饮料市场的2.5%）	2100亿	9000亿
认证林产品（如FSC、PEFC）	FSC认证产品50亿	150亿	500亿
生物碳/森林补偿（如CDM、VCS、REDD+）	2100万（2006年）	>100亿	>100亿
水相关生态服务功能支付（政府）	52亿	60亿	200亿
流域管理支付（自愿）	500万（各种劳务费）	20亿	100亿
其他生态服务功能支付补偿（政府支持）	30亿	70亿	150亿
强制性生物多样性补偿（如美国缓解银行业务）	34亿	100亿	200亿
生物多样性补偿	1700万	1亿	4亿
生物勘探合同	3000万	1亿	5亿
私人土地信托，保护地役权（如北美、澳大利亚）	仅美国80亿	200亿	难以预测

（三）IPBES："生物多样性和生态系统服务政府间科学政策平台"

2012年，反思了MA近10年发展与应用的不足，为了对自然世界中的区域形态形成科学的认识，以面对日益严峻的生物多样性灭绝态势，UNEP在韩国釜山通过并发起了"生物多样性和生态系统服务政府间科学政策平台"（Intergovernmental Science-policy Platform on Biodiversity and Ecosystem Services, 2012, IPBES, https://ipbes.net/assessing-knowledge）的建设，从而进一步加强了ESs的评估、示范、政策应用和国际合作的能力，成为后来政府间谈判的基础。

IPBES平台包含知识评估（assessing knowledge）、容纳力构建（building capacity）、

知识基础强化（strengthening the knowledge foundations）、政策扶持（supporting policy）、沟通和参与（communication and engaging）以及提高平台影响力（improving the effectiveness of the platform）六大板块。其中，“知识评估”板块为评估生物多样性状况和自然对人类的可持续发展的贡献，即定期和及时地掌握生物多样性与ESs及其相互联系，包括综合专题性、全球性和区域性评估，如关系评估、变革性评估、商业和生物多样性评估、生物多样性与气候变化、外来入侵物种评估、野生物种可持续利用评估、价值评估、全球评估、土地退化和恢复评估、区域评估、情景和模型评估、授粉评价、编制评估指南等内容。迄今为止，IPBES全球评估报告已完成9项内容，预计到2030年将会完成另外3项内容（表1–4）。

IPBES 评估报告内容 表 1–4

序号	评估	主要内容
1	《生物多样性和生态系统服务全球评估报告》（*Global Assessment Report on Biodiversity and Ecosystem Services*）	评估包括单独评估和其他相关的区域、分区域和专题评估，以及国家报告，主要由评估原理和方法、现状和趋势、会议进展、对人类福祉的影响和应对措施的有效性、可持续的途径、给决策者的选择等部分构成
2	《生产评估指南》（*Guide on the Production of Assessments*）	为帮助指南的实践者解决评估概念、程序、实际等问题而制定，介绍了评估的三个阶段：要求及范围、专家评审以及最终评估报告的批准、验收和使用
3	《生物多样性与生态系统服务情景预测和模型评估》（*Scenarios and Models of Biodiversity and Ecosystem Services*）	为生物多样性、人与自然关系和生活质量的情景和模型决策的使用提供了一个最佳实践“工具包”，帮助政府、私营部门和公民进行社会变化的预测，以减少对人类的负面影响并利用重要机遇。 评估由8部分构成：概述和展望，使用场景和模型助力决策，建立模型的驱动力，模拟驱动因素对生物多样性和生态系统功能的影响，模拟生物多样性和生态系统的变化对人类自然利益的影响，跨尺度协调场景和模型，开发、解释和使用场景与模型的能力建设，通过持续评估改进模型和场景

续表

序号	评估	主要内容
4	《美洲区域生物多样性和生态系统服务评估报告》（*Regional Assessment Report on Biodiversity and Ecosystem Services for the Americas*）	该区域生物多样性丰富、生物文化多样，在生物多样性保护、恢复和可持续利用方面有成功的经验，同时需求的增加对生物多样性和生态系统服务功能产生严重影响，评估分北美洲、中美洲、加勒比地区和南美洲4个次区域展开。 美洲评估包含6个章节：设定场景，自然对人类和生活质量的贡献，生物多样性和生态系统的现状、趋势和未来动态，生物多样性变化的直接和间接驱动因素以及自然对人类的贡献，自然与社会的当前与未来互动，跨部门的治理和决策选择
5	《非洲区域生物多样性和生态系统服务评估报告》（*Regional Assessment Report on Biodiversity and Ecosystem Services for Africa*）	非洲评估侧重于专题优先事项，包括粮食—能源—水—生计关系、土地退化、流域沿岸的生物多样性保护和可持续利用、外来入侵物种。评估包括5个次区域：东非和邻近岛屿、南非、非洲中部、北非、西非
6	《亚太区域生物多样性和生态系统服务评估报告》（*Regional Assessment Report on Biodiversity and Ecosystem Services for Asia and the Pacific*）	评估讨论了亚太区域的特殊挑战、积极趋势以及一些具体问题，分为大洋洲、东南亚、东北亚、南亚、西亚5个次区域进行。特殊挑战包括气候变化、人口增长、贫困、人类对自然资源的消耗、土地退化、毁林、外来入侵物种、贸易的影响、快速城市化、沿海污染、自然资源管理不善以及火势变化的影响。积极的趋势如提高认识、森林覆盖率和保护区以及减少该区域的碳足迹。具体问题，如粮食、水和能源安全之间的相互作用，生物多样性和生计，废物管理，以及对一个以上国家共有的关键生态系统的合作管理
7	《欧洲和中亚区域生物多样性与生态系统服务区域评估报告》（*Regional Assessment Report on Biodiversity and Ecosystem Services for Europe and Central Asia*）	由场景设定、自然对人类和生活质量的贡献、生物多样性和生态系统的现状、趋势和未来动态、生物多样性变化的直接和间接驱动力以及自然对人类的贡献、自然与社会的互动、跨规模和部门的治理与决策选择6个章节构成。评估审查了部门政策和政策工具的机会，管理生产、消费和经济发展，以及生态基础设施和生态技术。探讨了促进粮食安全、经济发展和经济平等的机会，同时避免土地和水资源退化，保护文化景观。评估分中西欧、东欧、中亚三个次区域进行

续表

序号	评估	主要内容
8	《土地退化和修复评估报告》（*Assessment Report on Land Degradation and Restoration*）	评估的目的是加强处理土地退化、荒漠化和恢复退化土地政策的知识基础。评估包括按区域和土地覆盖类型分列的全球土地退化状况和趋势，土地退化对生物多样性价值、生态系统服务和人类福祉的影响，按区域和土地覆盖类型分列的生态系统恢复程度和备选办法
9	《传粉者、传粉及粮食生产评估报告》（*Assessment Report on Pollinators, Pollination and Food Production*）	论述了本地和外来传粉者的作用、传粉者和传粉网络及服务的现状和趋势、变化的驱动力、对人类福祉的影响、授粉食物的减产以及对传粉不足作出反应的有效性
10	《对气候变化背景下生物多样性、水、粮食和健康之间相互联系的专题评估》（*Nexus Assessment: A Thematic Assessment of the Interlinkages among Biodiversity, Water, Food and Health in the Context of Climate Change*）	工作方案包括对生物多样性、水、粮食和健康之间的相互联系进行专题评估（联系评估），它将审查粮食和水安全、全体人类健康、保护陆地和海洋生物多样性以及应对气候变化有关的可持续发展目标之间的相互联系
11	《变革性评估：生物多样性丧失的根本原因和变革性变化的决定因素以及实现2050年生物多样性愿景的备选方案专题评估》（*Transformative Change Assessment: A Thematic Assessment of the Underlying Causes of Biodiversity Loss and the Determinants of Transformative Change and Options for Achieving the 2050 Vision for Biodiversity*）	工作方案包括对变革的专题评估，其目的是了解和查明个人与集体两级人类社会的因素，包括行为、社会、文化、经济、体制、技术及相关评估技术等内容，利用这一点，为保护、恢复和科学利用生物多样性带来变革性变化，同时考虑到可持续发展方面更广泛的社会和经济目标
12	《商业和生物多样性评估：对生物多样性对交易的影响因素和自然对人类福祉的方法评估》（*Business and Biodiversity Assessment: A Methodological Assessment of the Impact and Dependence of Business on Biodiversity and Nature's Contributions to People*）	工作方案包括对商业对生物多样性的影响和依赖性以及自然对人类的贡献进行方法学评估，旨在对商业如何依赖生物多样性和影响进行分类，生物多样性和自然对人类的贡献，并确定衡量这种依赖性和影响的标准与指标，同时考虑到如何将这些指标纳入可持续性的其他方面

第二节 历史回顾与前沿

自20世纪以来，人类对全球环境的影响日益增强，远超自然界本身的演化速度，几乎所有生态系统都受到人类活动影响，全球化的生态系统问题也日益突出。20世纪70年代，西方社会和学者较早地意识到ESs对人类不可或缺的作用，也理解到生态系统不是“无偿”的，其保护需要利用人类的利益驱动性，开始有意识地从全球化的角度进行ESs评估研究，并逐渐形成具有国际影响力或约束力的公约。国内在ESs评估方面的研究开展相对较晚，但发展较快，90年代以来也取得较多进展。从世界范围内而言，ESs评估主要经历三个方向，从初期聚焦于ESs经济价值测算，到中期对时空特征的评估，发展为当下对权衡理论、供需特征等问题的多元融合探索。

一、初期经济价值测算

尽管ESs概念起源较早，但于20世纪90年代起开始了较为集中的研究与讨论。之后有多种关于ESs评估经济价值问题的讨论，包括是否应把ESs功能货币化、用经济学方法是否能体现其全部价值、不同评估方法得到的结果是否有可比性等。

ESs功能经济价值评估的创始人康斯坦萨于1997年对全球16个生物群落的17种ESs的公益价值进行估算，但随后又承认了他之前在评估上存在静止片面、背景假设过多雷同等不足；同样，Serafy（1998）认为由于生态系统的复杂性和相互依赖性，且人类对其认识有局限性，在某些背景下，将其区分为互不联系的两类不现实且可能因重复计算而使估值偏高；并且不同作者若使用不同分类方式，其研究结果也不具有可比性，所以De Groot（2002）随后在总结100余篇文献后，列出23项ESs与评价方法关系表（表1–5）[①]，避免重复计算，增加评估研究的可比性。

ESs 与评价方法关系表　　表 1–5

生态系统功能（相关的产品及服务）	货币价值的范围（美元 / 公顷）	直接市场定价	间接市场定价					条件价值	群体定价
			可避免成本	替代成本	生产要素收入	旅行费用	享乐价值		
调节功能									
大气调节	7 ~ 265		+ + +	0	0			0	0
气候调节	88 ~ 223		+ + +	0	0			0	0
干扰调节	2 ~ 7240		+ + +	+ +	+		0	+	0
水分调节	2 ~ 5445	+	+ +	0	+ + +		0	0	0
提供水源	3 ~ 7600	+ + +	0	+ +	0	0	0	0	0
保持土壤	29 ~ 245		+ + +	+ +	0		0	0	0
形成土壤	1 ~ 10		+ + +	0	0			0	0
养分循环	87 ~ 21100		0	+++	0			0	0
污水处理	58 ~ 6696		0	+++	0		0	++	0
授粉	14 ~ 25	0	+	+++	++			0	0
生物控制提供栖息地功能	2 ~ 78	+	0	+++	++			0	0
物种保护	3 ~ 1523	+++		0	0		0	++	0
保育功能生产功能	142 ~ 195	+++	0	0	0		0	0	0
食物	6 ~ 2761	+++		0	++			+	0
原材料	6 ~ 1014	+++		0	++			+	0
遗传资源	6 ~ 112	+++		0	++			0	0
药物资源		+++	0	0	++			0	0

① DE GROOT R S. A typology for the classification and valuation of ecosystem functions, goods and services[J]. Ecological Economics, 2002. 41: 393-408.

续表

生态系统功能（相关的产品及服务）	货币价值的范围（美元 / 公顷）	直接市场定价	间接市场定价					条件价值	群体定价
			可避免成本	替代成本	生产要素收入	旅行费用	享乐价值		
信息功能									
观赏性资源信息功能	3 ~ 145	+++		0	++		0	0	0
美学信息	7 ~ 1760			0		0	+ + +	0	0
娱乐及旅游	2 ~ 6000	+++		0	++	+ +	+	+++	
文化及艺术		0			0	0	0	+++	0
精神及历史信息	1 ~ 25					0	0	+++	0
科学与教育		+++			0	0		0	0

在国内，欧阳志云等于1999年首先在中国采用了ESs的概念，并对中国陆地生态系统的6种ESs功能进行了初步评估，指出了评价参数的选择可能导致结论的偏差①。随后，2008年谢高地等认为康斯坦萨等提出的ESs价值化评估方法在中国直接应用存在一些缺陷：低估或者忽略了某些ESs价值，并在其基础上分别在2002年和2006年对中国700位具有生态学背景的专业人员进行问卷调查，得出了符合我国国情的ESs评估单价体系②（表1–6），诸多学者先后对中国陆地地表水、自然草地、青藏高原、青海草地等区域和群落生态系统的经济价值进行估算，且至今仍有研究基于此量表开展ESs的价值估算。

中国生态系统单位面积生态服务价值（元 · hm^{-2} · a^{-1}, 2007 年）　表 1–6

一级类型	二级类型	森林	草地	农田	湿地	河流 / 湖泊	荒漠
供给服务	食物生产	148120	193111	449110	161168	238102	8198
	原材料生产	1338132	161168	175115	107178	157119	17196
调节服务	气体调节	1940111	673165	323135	1082133	229104	26195
	气候调节	1827184	700160	435163	6085131	925115	58138
	水文调节	1836182	682163	345181	6035190	8429161	31144
	废物处理	772145	592181	624125	6467104	6669114	116177

① 欧阳志云，王效科，苗鸿. 中国陆地生态系统服务功能及其生态经济价值的初步研究[J]. 生态报，1999（5）：3-5.

② 谢高地，甄霖，鲁春霞，等. 一个基于专家知识的生态系统服务价值化方法[J]. 自然资源学报，2008（5）：911-919.

续表

一级类型	二级类型	森林	草地	农田	湿地	河流 / 湖泊	荒漠
支持服务	保持土壤	1805138	1005198	660118	893171	184113	76135
	维持生物多样性	2025144	839182	458108	1657118	1540141	179164
文化服务	提供美学景观	934113	390172	76135	2106128	1994100	107178
合计		12628169	5241100	3547189	24597121	20366169	624125

二、中期空间特征评估

经过多年的发展，ESs价值研究取得了诸多成果，然而，单纯地对其价值进行估算会忽略其空间分布的不均匀性①，而生态系统结构的空间异质性可导致ESs功能的空间异质性②。伴随着遥感数据和3S技术的发展，促使ESs功能的时空特质评估得以实现，以遥感数据、社会经济数据、GIS技术等多源数据和技术支持的ESs评估模型在评价其功能价值和空间分布中发挥着越来越重要的作用，可为城乡的规划决策提供参照和理论支持。其中，GIS工具可用于分析ESs功能的空间分布，并可用来模拟土地利用/覆被、土地经营、人口等变化对ESs功能的影响，而被广泛应用与发展。例如，石垚等（2012）分析了中国陆地ESs功能的时空变化；潘洪义等（2020）基于动态当量探讨了彝汉交错深度贫困区ESs价值时空演变研究；贾建辉等（2020）以武江干流为例，分析水电开发对河流ESs的效应评估与时空变化特征。

近十几年来，国际上各种用于ESs评估的空间模型的发展迅速（表1-7），主要集中在欧美国家，如美国斯坦福大学开发的InVEST模型（Integrated Valuation of Ecosystem Services and Tradeoffs）、美国佛蒙特大学开发的ARIES模型（Artificial Intelligence for Ecosystem Services）、美国农业部（United States Department of Agriculture, USDA）下属的美国林务局开发的iTREE模型（Tools for Assessing and Managing Forests and Community Trees）、美国地质勘探局与美国科罗拉多州立大学合作开发SolVES模型（Social Values for Ecosystem Services），以及多尺度生态系统服务综合模型（Multi-scale Integrated Models of Ecosystem Services, MIMES模型）、生态组合模

① 韩依纹，戴菲. 城市绿色空间的生态系统服务功能研究进展：指标、方法与评估框架[J]. 中国园林，2018，34（10）：55-60.

② 郭中伟，甘雅玲. 关于生态系统服务功能的几个科学问题[J]. 生物多样性，2003，11（1）：63-69.

ESs 代表性评估模型　　表 1-7

序号	名称	模型评估内容	开发机构	年份	网址
1	InVEST（integrated valuation of ecosystem services and tradeoffs）	InVEST的设计分为0层、1层、2层和3层共4种层次。0层模型模拟生态系统服务功能的相对价值，不进行货币化价值评估。1层模型具有较简单的理论基础，获得绝对价值，并可进行货币化价值评估（生物多样性模型除外），但比0层模型需要更多的输入数据。0层和1层模型已经很成熟并已发布，而且对数据的要求相对较少。一些更加复杂的2层和3层模型还在开发之中，这些模型将提供更加精确的估算结果，但同时需要更多的输入数据	自然资本项目支持开发，美国斯坦福大学、大自然保护协会（TNC）与世界自然基金会（WWF）联合开发	2009	http://www.naturalcapitalproject.org/InVEST.html
2	ARIES（artificial intelligence for ecosystem services）	ARIES可对生态系统服务功能的“源”（服务功能潜在提供者）、“汇”（使生态系统服务流中断的生物物理特性）和“使用者”（受益人）的空间位置和数量进行制图。以生态系统的碳储存和碳汇服务功能为例，“源”即是植被和土壤等所固定的碳，“使用者”即是那些CO_2排放者，“汇”是指火灾、土地利用变化等引起的储存碳的释放。“源”“汇”“使用者”是构成生态系统服务流（指某项生态系统服务功能由生态系统到人的传递）的关键要素。ARIES的子模块SPAN（service path attribution network）用于模拟生态系统服务流的空间动态	美国弗蒙特大学冈德生态经济研究所	2009	http://www.ariesonline.org/approach.html

续表

序号	名称	模型评估内容	开发机构	年份	网址
3	SolVES（social values for ecosystem services）	SolVES模型是由生态系统服务功能社会价值模型、价值制图模型、价值转换制图模型3个子模型组成。社会价值模型和价值制图模型需结合起来使用，并需要环境数据图层、调查数据以及研究区边界等数据。其中，调查数据是基于公众的态度和偏好得出的生态系统服务功能社会价值调查结果，并以非货币化价值指数表示。价值转换制图模型可单独使用，适用于没有原始调查数据的研究区（一般根据其他有调查数据地区的SolVES分析结果，然后通过建立统计模型用于新研究区的评估）	美国地质勘探局与美国科罗拉多州立大学	2012	http://solves.cr.usgs.gov/
4	MIMES（multiscale integrated models of ecosystem services）	此模型考虑时间动态，整合现有生态系统过程模型用于生态系统服务功能模拟，并通过输入—输出分析方法从经济上对生态系统服务功能进行估算	弗蒙特大学冈德生态经济研究所，罗伯特·康斯坦萨研究小组	2002	http://www.uvm.edu/giee/mimes2/downloads.html
5	EPM（ecosystem portfolio model）	EPM模型基于多标准情景模拟框架、GIS分析以及空间直观的土地利用/覆被变化敏感模型等信息，对生态系统服务功能、土地地块价值、社区生活质量等土地覆被相关的生态价值进行评价。EPM模型会考虑当地重要的生态、经济和居民生活质量等问题	美国西部地理科学中心	2009	https://pubs.usgs.gov/sir/2009/5181/

型（Ecosystem Portfolio Model, EPM模型）、弗吉尼亚林业部开发的森林模型（InFOREST模型）、远景模型（Envision模型）等。尽管评估模型能够为决策和管理人员提供ESs功能的供应以及管理对服务功能产生的影响等方面的信息，但是由于生态系统的复杂性、动态性和评价方法的多样性，以及模型模拟中对数据精度的依赖性，造成模型结果的不确定性，主要包括自然界自身的不确定性、模型的结构和模拟方法的不确定性以及输入数据不确定性等。因此，通过分析评估模型的不确定性，进而采取有效措施提高模型模拟精度和结果的可靠性是当前ESs空间特征评估的重要挑战之一。

三、发展上升期多元融合

近年来，国内外社会对ESs的多元理论融合进行了新的探索，主要聚焦对权衡协同理论、ESs供需理论以及时空预测等问题进行探讨。由于生态系统有空间异质性和时间变异性，对ESs之间关系的忽视可能会导致某些功能供给能力下降，甚至威胁整个生态系统的稳定和安全。探究ESs之间此消彼长的权衡关系或相互增益的协同关系可促使其综合效益最大化，因此，权衡研究当下已成为景观生态学、地理学和生态经济学等学科的热点和前沿。一种ESs供给能力的提升常常以牺牲其他ESs功能为代价，“权衡关系”（tradeoff）表示一项服务的提高伴随着另一项服务的降低，“协同关系”（synergy）表示几项服务功能同时提高或降低，而“无关”则表示服务的时空变化不存在显著联系①。其中，“权衡”是管理和最优化决策的关键问题之一，故研究成果较为丰富，探究其空间特点可以更直观地指点分区管控和政策制定。

国内外大量学者对ESs权衡/协同关系辨识、表现形式、时空尺度特征、驱动机制和情景变化等内容进行了模拟分析。在国外，特纳（Turner）等（1996）采用聚类分析将丹麦11种ESs分为4类生态系统服务簇，并根据服务簇的供给能力差异将丹麦划分为6组ESs供给类型区进行管理；伊戈（Egoh）等（2008）采用空间叠加方法研究了南非境内淡水供给、水文调节、土壤保持、土壤形成、植被固碳5种ESs之间的空间重合度，结果表明土壤积累和水文调节的空间重合度最大，植被固碳和淡水供给的空间重合度最小。在国内，傅伯杰等（2016）提出ESs权衡与集成方法；戴尔阜等（2016）提出了ESs权衡的方法、模型与研究框架；吴柏秋等（2019）综述ESs

① 李双成，张才玉，刘金龙，等. 生态系统服务权衡与协同研究进展及地理学研究议题[J]. 地理研究，2013，32（8）：1379-1390.

间权衡识别方法，并对未来评估模型发展提出建议；李屹峰等（2013）研究了密云水库流域淡水供给、植被固碳、土壤保持、水质净化的价值变化，结果表明林地面积增加有利于固碳服务和土壤保持服务的增加，但减少了区域淡水供给能力；李晶等（2016）以关天经济区为主要研究对象，计算固碳释氧、水文调节、水土保持、粮食生产等ESs价值，利用相关系数和空间制图的方法研究指标间的相互权衡/协同关系。

近年来区域内ESs供需失衡问题突显，根据MA评估报告，地球上超过60%的生态系统都发生了不同程度的退化，导致的ESs功能供需失衡影响了人类福祉。在供需理论中，ESs供给主要受区域自然属性影响，需求则受人类主观意愿决定。对ESs供给和需求均衡进行评估研究，可反映环境资源的空间配置，从而对实现生态安全和可持续发展具有重要推动作用。国内诸多学者从多元角度对ESs的供需理论进行探讨，如肖玉等（2016）梳理了ESs空间流动研究发展的脉络及其出现的必要性，提出了未来的重要方向是分布式空间模拟；马琳等（2017）从ESs的实际供给和潜在供给、实现需求和总量需求、供给数量和空间关系3个方面探讨和总结了ESs供需平衡的分析框架；周景博等从ESs供需平衡的视角探索流域绿色发展路径。

ESs情景模拟是指对未来生物多样性和ESs变化轨迹的定量估计，二者相互关联并为长期、稳定的保护和恢复生态系统提供了重要科学依据①，如面向气候变化和人类活动的生态系统预测模型方面。驱动力情景预测模型主要基于模拟和预测不同情景下未来土地利用的变化。目前已有多种方法和软件包可用来模拟和预测，多数的模型是基于过去的土地利用历史变化，因此土地利用/覆被模拟成为ESs领域重点之一，包括动力系统模拟、土地利用变化模拟、驱动机制模拟等。IPBES平台将ESs评估预测视为其重要的组成部分，并在2016年出版《生物多样性和生态系统服务模拟与预测方法评估报告》，报告中将ESs的预测分为探索型情景（exploratory scenarios）、目标寻求型情景（target-seeking scenarios）和政策筛选型情景（policy-screening scenarios）三类（图1-4）。当前研究中ESs模型一般属于统计模型或过程模型，其中对物种分布的模拟大多属于统计模型，或称关联模型；少数研究采用过程模型，或称机理模型，刻画物种在生理层面的物理化学条件，但由于参数要求高，其时空尺度相对受限。在生态系统尺度上，气候变化和人类活动的宏观驱动作用更加明显，在植被分布、生产力与碳循环等研究中一些过程模型也取得了应用。

---

① 刘焱序，于丹丹，傅伯杰，等. 生物多样性与生态系统服务情景模拟研究进展[J]. 生态学报，2020，40（17）：5863-5873.

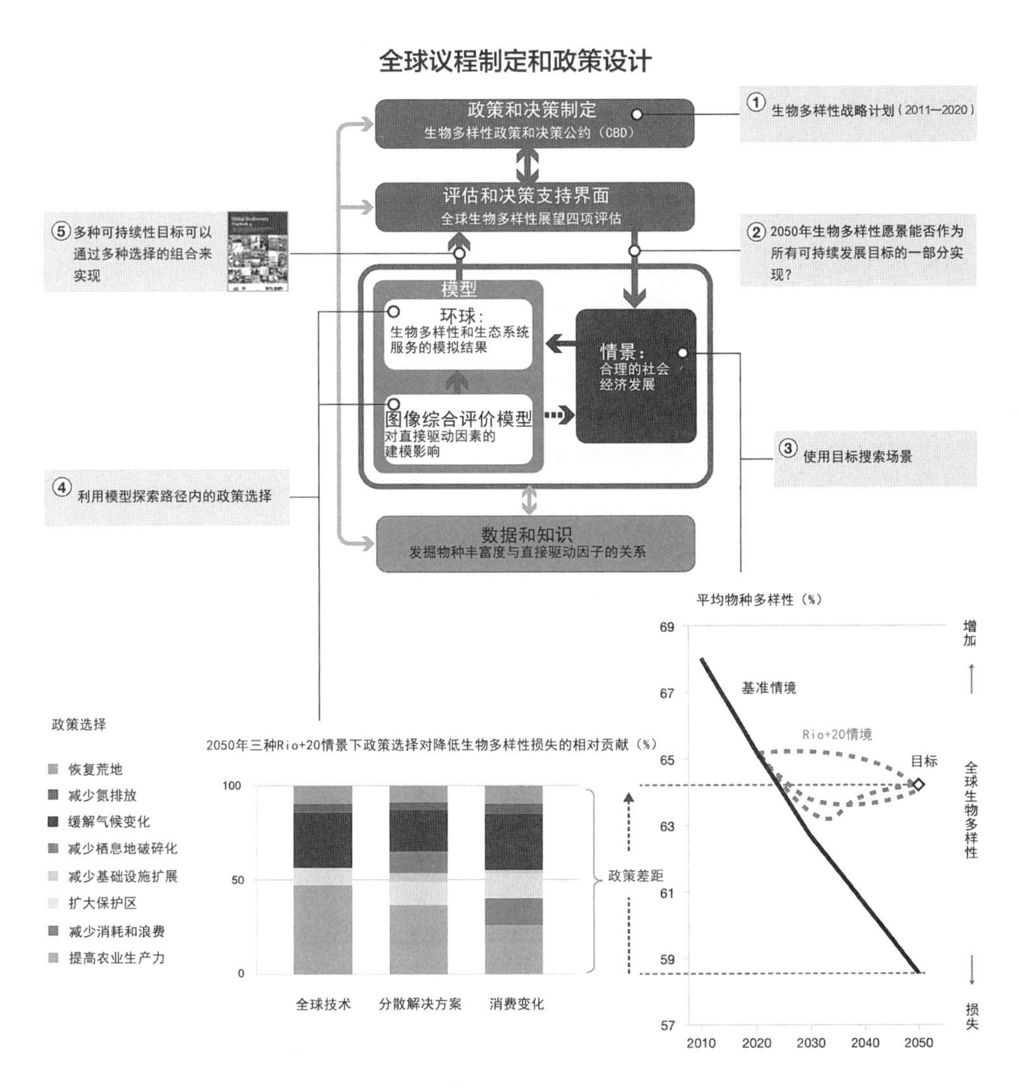

图1-4 IPBES平台生态系统服务情景预测框架

情景制定通常以官方报告或政策导向等为依据，如刘婧雅等（2017）运用LCM模型，以陕西天水经济区为例，结合《第五次气候变化报告》（*The Intergovernmental Panel on Climate Change, IPCC*）、碳税政策和独生子女政策，模拟了2050年的16个情景下ESs的响应；黄焕春等（2013）基于改进的Logistic-CA模型，以天津市滨海地区为例，模拟了历史外推、内生发展和外生发展3种情境下2011～2020年城市扩展影响下ESs功能的空间演化规律特征。然而，基于驱动力的情景模拟的土地利用预测有一定的尺度依赖性，当驱动力情景模型输出的空间分辨率较低和缺少区域驱动力信息时，很难对区域驱动力做出精确预测，因而受到应用限制[①]。再者，多数城市尺度情景预测研究集中在综合的土地利用信息，而较少针对城市绿地进行研究。

---

① 于丹丹，吕楠，傅伯杰. 生物多样性与生态系统服务评估指标与方法[J]. 生态学报，2017，37（2）：349-357.

第2章 城市绿地生态系统服务功能

ECOSYSTEM SERVICES OF URBAN GREEN SPACES

第一节／城市生态系统特征

城市生态系统是城市空间范围内的居民与自然环境及人工建造的社会相互形成的统一体，是以人为主体的开放性生态系统，是提供ESs的基础，其组成要素包括大气、土壤、水、植被、动物等。

一、大气

大气是城市生态系统重要组成部分，是由多种气体混合组成的气体及浮悬其中的液态和固态杂质所组成。当前人类生活、生产等活动向大气环境排放的CO_2、CH_4、N_2O、SO_2等温室气体或污染气体，远超大气环境本身的承载能力，导致愈发极端的城市气候问题甚至危害到城市居民的身心健康。面对严峻的大气污染现状，世界卫生组织将“大气环境健康”确立为评价健康城市的首条标准[①]，国内外学者也从大气元素含量、大气颗粒物、城市绿地与大气的影响关系等不同维度进行了深入研究，其中对绿地与大气的影响关系的研究显示，绿地对城市大气问题有缓解作用。

首先，城市是人口、建筑、交通、工业、物流密集的高碳排放集中地，而降低

---

① 陈明，戴菲，傅凡，等. 大气颗粒物污染视角下的城市街区健康规划策略[J]. 中国园林，2019，35（6）：34-38.

碳排放与城市经济可持续发展密切相关，低碳城市规划正逐步成为各地政府努力的方向。2010年 7 月以来，国家发展和改革委员会先后开展了三批共87个低碳城市的试点工作，在实践中积累低碳城市的理论与经验。在城市碳排放指标方面，污染控制与资源化研究国家重点实验室从能源消费和非能源消费两个角度出发，将城市碳排放源分成工业能源、交通能源、居民生活能源、商业能源、工业过程和废物6个单元，建立了针对城市碳排放的核算方法体系。碳汇是促进城市大气环境健康的重要城市发展策略，一般是指从空气中清除CO_2的过程、活动和机制，它主要是指载体吸收并储存CO_2的能力。碳汇时空分布特征一般可通过城市土地覆盖变化反映，城市土地覆盖类型中林地、土壤、湿地、水体等是城市生态系统的主要固碳载体。国际上对碳汇重要性共识是1997年通过的《京都议定书》，国内也由此拉开了关于碳汇研究的序幕，主要研究热点为城市碳汇潜力、城市碳足迹、城市生态补偿等（图2–1）。

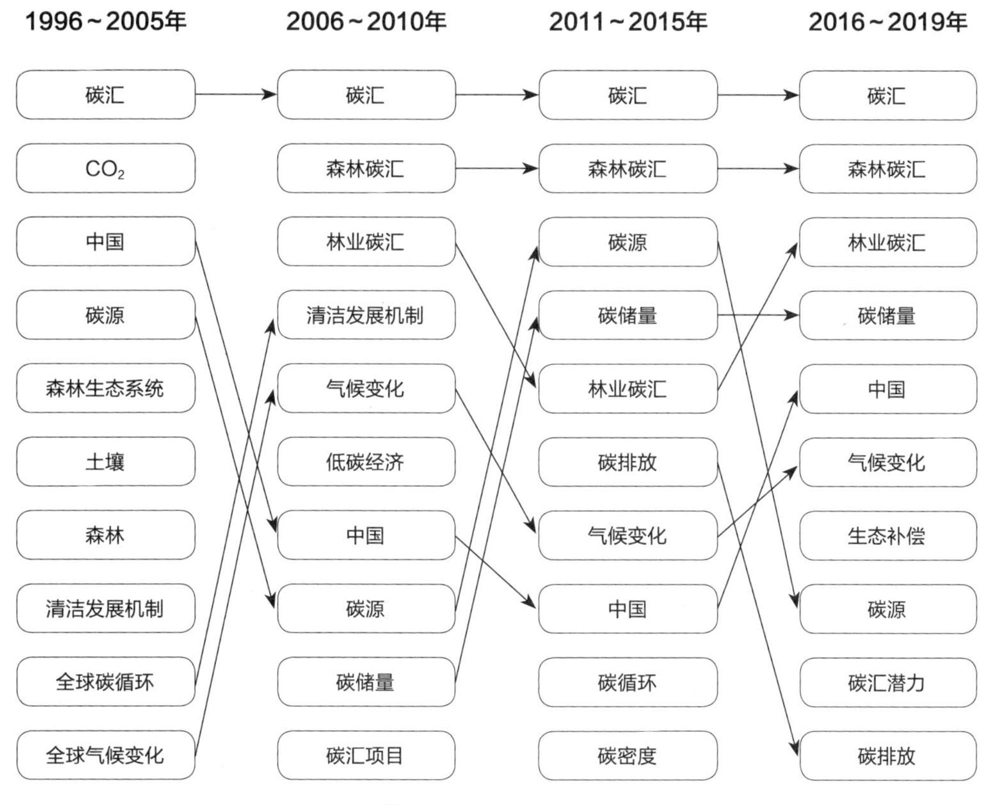

图2–1　碳汇研究关键词的时期变化情况[①]

① 李姝，喻阳华，袁志敏，等. 碳汇研究综述[J]. 安徽农业科学，2015，43（34）：136-139.

城市大气的氮元素、碳元素相似，生产、生活密集的城市引起城市大气氮元素异常，已有研究表明城市活性氮量已经超过周边非城市生态系统，活性氮排放增加，导致大气氮沉降也迅速增加，进而影响城市大气氮元素循环健康。我国氮沉降已成为全球的热点地区之一，其中，干沉降和湿/混合沉降量平均为20.6kg/hm^{2}和19.3kg/hm^2，高于美国和欧洲等国家和地区，该情况目前并未得到明显改善。

其次，大气的颗粒物（particulate matter, PM）已成为影响我国大多数城市空气质量的主要污染物，越来越多的流行病学和毒理学研究表明，其与人类多种疾病的发生存在着明显的"暴露—效应"关系，大气颗粒物空气动力学等效直径≤10μm的可吸入颗粒物（PM_{10}），和空气动力学等效直径≤2.5μm的细颗粒物（$PM_{2.5}$）可随呼吸进入气管、肺部，对气管和组织造成危害。PM的组成主要包括含碳物质（有机碳、元素碳）、硫酸盐、硝酸盐、铵盐、金属粒子以及液态水等，其组成成分在不同地区、不同时间均会有一定的差异。2013年9月国务院印发《大气污染防治行动计划》，接着环境保护部颁布国内首个《大气颗粒物来源解析技术指南》，大气颗粒物污染源解析的科研持续增加①。北京大学环境科学与工程学院环境模拟与污染控制国家重点联合实验室、环境保护部污染控制司、中国环境科学研究院对2000年以来我国近30个城市大气可吸入颗粒物PM_{10}源解析，发现我国大气颗粒物PM_{10}主要来自六类源，即扬尘、燃煤、工业排放、机动车排放、生物质燃烧以及SO_2、NO_x、VOCs氧化产生的二次颗粒物。其中，细微大气颗粒物$PM_{2.5}$的来源有两种情况：一是由污染源直接排出，二是各污染源排出的气态污染物经过冷凝或在大气中发生复杂的化学反应而生成。城市植被、绿地对大气颗粒物有吸附功能，其消减作用显著（表2-1），颗粒物粒径越大，绿地对其浓度的削减程度越大。例如，在轻度以及中度大气污染条件下，公园对大气颗粒物存在明显的消减作用，乔灌草植物配置模式对大气颗粒物的消减作用最显著，与其他植物配置模式相比，表现出显著的差异性（$P<0.05$）——在重度污染情况下，公园对大气颗粒物的消减作用消失。

城市绿地对大气颗粒物削减能力量化结果对比② 表2-1

颗粒物	城市	年份	区域面积/（km^2）	绿地面积/（km^2）	削减总量/（$t \cdot a^{-1}$）	单位区域面积削减量/（$g \cdot m^{-2} \cdot a^{-1}$）	颗粒去除率/（%）
$PM_{2.5}$	波士顿	2008	100	28	12.7	0.13	0.19

① 冯银厂. 我国大气颗粒物来源解析研究工作的进展[J]. 环境保护，2017，45（21）：17-20.

② 王科朴，张语克，刘雪华. 北京城市绿地对大气颗粒物的削减量计算[J]. 环境科学与技术，2020，43（4）：121-129.

续表

颗粒物	城市	年份	区域面积 / (km^2)	绿地面积 / (km^2)	削减总量 / ($t \cdot a^{-1}$)	单位区域面积削减量 / ($g \cdot m^{-2} \cdot a^{-1}$)	颗粒去除率 / (%)
$PM_{2.5}$	纽约	2009	1214	239	37.4	0.03	0.09
	芝加哥	2009	606	109	27.7	0.05	0.09
		2000		900.08	1861	0.58	0.07
	北京	2005	3214	1212.36	2987	0.93	0.12
		2010		1154.76	3852	1.20	0.19
	上海	2013	6340	1002	442.4	0.07	0.07
	北京	2017	670.3	131.5	813.12	1.21	0.24
PM_{10}	波士顿	1994	126.4	26.8	75	0.59	0.6
	纽约	1994	802	133.2	493	0.61	0.5
	华盛顿	1994	157	48.8	161	1.03	0.7
	伦敦	2006	1563	312.65	348.8 ~ 984.7	0.22 ~ 0.63	3.3 ~ 5.4（绿地区域）
	北京	2002	301.8	51.3	772	2.56	—
	北京	2017	670.3	131.5	3336.49	4.98	0.71

城市中的绿地植被同时具有消减大气重金属污染和微生物污染的作用。因此，园林植物、行道树配植、经济林带种植等绿色基础设施对消减城市不同功能区均起到重要作用，如广泛应用苔藓、树叶和树皮等监测大气污染。此外，城市蓝绿基础设施对大气重金属污染起到一定程度吸滞作用，如小型集水区、水库、蓝绿生态系统。再者，无绿化地相比有绿化地的大气微生物含量高，在全年中，春、夏季节的大气微生物含量相对较高。因此，城市绿化配置乔、灌、草相结合，可减少颗粒物及沙尘，从而减少微生物载体，有效控制空气微生物污染。

二、土壤

自然环境中的土壤是地壳表面的岩石经过以地质历史时间为周期的长期风化过程和风化产物的淋溶过程，逐步形成土壤，它由矿物质、有机质、水和空气四种物质组成。城市生态系统的土壤与自然土壤不同，具有明显的特异性质。首先，在形态方面土层无分化，含碳量低，细菌总数较少；其次，由于人为压实降低了土壤的孔隙度，土壤持水能力降低、通气性能下降，城市植物根系生长阻力增加；此外，还有pH值高及有机质、氮和磷含量低等特点。综上所述，城市化、工业化对城市地表所覆盖土壤的改造，不但破坏了自然土壤的物理、化学属性以及改变了原来的微生物区系，还使一些人工污染物进入土壤，并因土壤的污染引起农作物、植被受害和减产。城市生态系统中的土壤也是满足人们日常生活中文化与追求的基本必需品，并为城市提供ESs功能。最早提出土壤ESs的是杰·戴丽等，主要总结为：①缓冲和调节水文循环；②植物的物理支持；③植物养分的供应和保持；④废弃物和有机残体的处理；⑤土壤肥力的恢复；⑥调控主要的养分循环[①]。

氮循环生态过程是城市土壤提供稳定ESs保障之一，主要包括硝化、矿化、反硝化等过程，土壤矿化是指土壤有机碳在微生物的作用下分解成无机氮的过程。土壤氮硝化是指微生物将土壤中铵离子转化为硝酸根离子的过程。这两个过程直接决定了土壤中植物生长所需氮素的数量和可利用性，是重要的陆地生态系统养分循环过程。此外，土壤碳循环、土壤微生物群功能等生态过程也同样重要。

城市土壤氮循环与碳循环具有相似性，均受到城市人为活动影响，导致城市土壤碳、氮循环稳定性普遍低于自然环境。例如，朱（Zhu）（2017）在其对美国凤凰城的研究中指出，城市中氮的生物化学循环不同于非城市化的地区，这是由于大量活性氮的输入以及土地利用方式的差异；格罗夫曼（Groffman）（2006）指出，城市土地利用类型的改变对城市林地氮循环的影响十分复杂，且很难预测，并提出自然土壤成因和物种的变化（植物群落组成的改变）对土壤氮库的影响比所处的城市环境的大气变化（升温、臭氧、氮沉降）的影响更大[②]。国内余明泉（2009）发现城市化会加快林地土壤的矿化和硝化过程，增强土壤的供氮能力，提高土壤中的硝态氮含量。城市生态系统氮环境明显区别于自然环境，进而影响土壤的氮循环过程。与之相应，土地开发建设过程中对土壤翻动、搬运、压实、覆盖，绿地管护过程中施肥和灌溉等以及环境污染物的注入，导致城市热岛效应、CO_2浓度升高等，这些因素直接或间接导致城市碳循环生态功能低于自然环境。

土壤是最丰富的微生物资源库，其微生物数量庞大、生态功能活跃，它们是维持土壤质量的重要组成部分，也是土壤物质循环的主要推动者，并且进行着一系

---

① DAILY G C, MATSON P A, VITOUSEK P M. Ecosystem services supplied by soils//Daily G C. Nature's Services: Societal Dependence on Natural Ecosystems[M]. Washington, D.C: Island Press, 1997.

② GROFFMAN P M, POUYAT R V, CADENASSO Mary L, et al. Land use context and natural soil controls on plant community composition and soil nitrogen and carbon dynamics in urban and rural forests [J]. Forest Ecology and Management, 2006, 236: 177-192.

列正常、健康土壤所必需的生物化学反应或其他作用。土壤微生物能揭示土壤中物质代谢和肥力发展的规律，有重要的生态价值，也是衡量土壤生态功能的灵敏指标之一。其中，城市不同绿地土壤动物群落特征有所差异，绿地土壤动物平均密度大小排序为公园绿地＞学校绿地＞居民区绿地＞道路绿地；类群数大小排序为公园绿地＞居民区绿地＞学校绿地＞道路绿地，其中公园绿地和道路绿地土壤动物类群数差异极显著（$P<0.01$）[①]。因此，绿地微生物对城市土壤生态过程起到明显的指示作用。

三、水文

城市生态系统中水的载体有河流、湖泊、湿地等，是生态系统中非常重要的非生物环境因子，水分条件的变化会影响到植被、群落、景观格局以及整个生态系统的形成发展和演替。城市水环境具有以下特点：①淡水资源的有限性特点；②城市水环境的系统性特点——组成城市水环境的各方面互相影响、相互制约，结合成有机的整体；③城市水环境系统自净能力的有限性特点——每座城市的水环境系统都有一定的自净能力（self purification capacity）或环境容量。基于水环境的物理、化学、生物等特点，其ESs功能涵盖两方面内容：一方面是指水为主要介质的生态系统为人类社会提供的功能，另一方面是指水作为一种物质在水循环过程中为人类社会和生态系统所提供的功能。

城市水污染（water pollution）会严重破坏城市ESs，有害物质进入水体的数量足以破坏城市水资源，使其丧失使用价值，或对环境和生物造成不利影响（表2-2）。在我国存在严重的水污染问题，长江、黄河、珠江、淮河、松花江、辽河、海河七大水系无一幸免，一半河段受到严重污染。滇池是我国著名的高原淡水湖，已造成严重的水质污染，湖中已查明的有机污染物达72种。全国城市地表水更不容乐观，污染达80%以上，地下水污染的形势也十分严重，据对27个城市地下水调查，属稍差、很差的就有21个，占78%。水污染问题导致城市生态系统的物质循环、能量流动、净化环境等方面生态服务功能显著下降，对维护生物多样性、保持生态平衡十分不利。

面对严峻的城市水环境威胁，我国在2015年中央城市工作会议上重点关注了全

① 彭彩云，田惠，肖玖金，等. 城市不同类型绿地土壤动物群落特征[J]. 云南农业大学学报（自然科学），2018，33（4）：729-736.

城市湖泊生态系统健康评价指标体系[①]　　表 2-2

目标层	约束层	权重	子约束层	权重	指标层	权重	最佳值	属性
城市湖泊生态系统健康评价	自然状态	0.417	理化特征	0.667	岸线发展系数	0.168	1.5	↓
					沿海岸宽度/m	0.192	30	↑
					化学需氧量COD/（mg・L^{-1}）	0.358	15	↓
			生态特征	0.333	氨氮/（mg・L^{-1}）	0.282	0.5	↓
					水体自净能力/%	0.417	50	↑
					生物多样性/%	0.583	20	↑
	人水关系	0.583	系统功能服务	0.437	生态栖息地/%	0.227	2	↓
					供水保证率/%	0.318	95	↑
					景观多样性指数	0.455	1.1	↑
			人类活动扰动	0.563	渔业养殖面积比例/%	0.307	10	↓
					岸线建设用地占用率/%	0.22	15	↓
					入湖污染指数	0.473	0.5	↓

面实施城市黑臭水体整治，系统开展江河、湖泊、湿地等水体生态修复，提出以“生态修复、城市修补”为核心的“城市双修”理论。水生植物在城市水生态修复中起到不可替代的作用，与其他物理、化学方法相比，其修复技术成本低、不会造成二次污染、效果明显，且每种水生植物往往可代谢积累多种产物，兼具水生态修复的生态效益和经济效益。其主要作用方式包括物理过程、吸收作用、协同作用和化感作用，其生态修复原理是通过庞大的枝叶和根系形成天然的过滤网，对水体中的污染物质进行吸附、分解或转化，从而促进水中养分平衡；同时，通过植物的光合作用，释放氧气，使水体中的溶解氧浓度上升，抑制有害菌的生长，减轻或消除水体污染。城市河流修复对物种丰富度、密度以及数量这三个因素产生的影响较大，其中对物种丰富度的提升效果最强，对ESs中的调节性服务效能提升助力最大，且从修复措施来看，河道重建与河岸缓冲带修复两种手段产生的效果相对较好。

四、植被

植被是城市生态系统的生产力，反映了植物通过光合作用吸收大气中的CO_2，转化光能为化学能，同时累积有机干物质的过程，是估算地球支持能力和评价生态

① 沈颜奕，陈星. 城市湖泊生态系统健康评价与修复研究[J]. 水资源与水工程学报，2017，28（2）：82-85，9.

系统可持续发展的重要指标。城市植被包括城市内的公园、校园、寺庙、广场、球场、医院、街道、农田以及空闲地等场所拥有的林地、灌木、绿篱、花坛、草地、树木、作物等所有植物的总和，可类分为自然植被、半自然植被、人工植被，在城市空间中具有调节气候、固碳释氧、涵养水源、净化环境和减弱噪声等ESs作用。合理的城市植被结构、格局所发挥的整体功能，不仅可以有效改善城市人居环境质量，缓解城市社会经济发展的生态压力，还可以为水、土壤、大气等环境问题的解决创造有利条件（表2–2）。

近5年来，城市绿地提供城市ESs功能的大量研究集中于维持生物多样性、削减空气污染颗粒物$PM_{2.5}$浓度、改善空气质量、固定CO_2、降低地表温度、缓解城市洪涝等方面。例如，李庆兰 等（2008）以兰州为例，对2000年市区植被调节气候、固碳释氧、涵养水源、净化环境和减弱噪声4项ESs功能进行评估，得出其植被ESs功能价值为（1.64 × 109）元；崔亚琴等（2019）对山西省11个地市的主要植被类型ESs功能进行评估，结果表明，2016年，山西省林地ESs功能总价值为3172.64亿元人民币，其价值量由大到小的顺序为涵养水源、净化大气环境、保育土壤、固碳释氧、生物多样性保护、林木积累营养物质、林地游憩；王科朴等（2020）以北京为例，探究了城市植被对削减大气颗粒物的生态功能，结果表明，2017年北京市五环路范围内城市绿地对$PM_{2.5}$和PM_{10}的削减总量分别为813.12t和3 336.49t，研究区城市绿地对$PM_{2.5}$和PM_{10}的年去除率分别为0.24%和0.71%。

五、动物

动物是生态系统中的消费者，也是维持城市生物多样性的根本和促进生态系统中物质循环的主要因素。城市中主要是人类聚居，但城市中的其他动物是维护生态系统主动调节的珍稀资源。提供城市ESs的主要动物来源是土壤动物、湿地水域动物。栖息和生存在城市化地区的动物为城市动物（urban animal），而把与人类共同（常年或季节）在城市环境而不依赖人类喂养，自己觅食的动物称为城市野生动物，含原地区残存下来的野生动物和从外部迁徙进入城市的野生动物，与人类伴生（companion），其他是陪伴动物和宠物。

城市野生动物种群特征包括种群大小、数量分布、年龄组成和性比等。种群大小的改变有两方面含义：一方面是指一个野生动物种在城市区域内总的数量的改变；另一方面是种群的区域分化或合并，使得每一活动种群数量的改变。一般说来，在城市内野生动物的生活环境和它们的栖息地越来越单纯化，所以种群数量有逐渐变小的趋势。城市环境的空间异质性、时间异质性对城市野生动物的区系成分优势种的改变相当密切。例如，在东京，地下铁道兴建前，住宅区历来是熊鼠占压倒性优势，约占鼠类总数的90%。随着城市化的发展，过去作为劣势种的沟鼠和田鼠开始大量繁殖，不断排挤熊鼠；再如，流经东京的多摩川河，原以水质清澈，盛产香鱼、石斑鱼、杜文鱼等清水鱼类而著称于世，但由于第二次世界大战后经济恢复和腾飞的影响，多摩川河污染相当严重，致使这些鱼类濒于绝迹，代之而来的鲤科小鱼白票子开始大量繁殖。城市生态系统成分改变会直接影响城市动物优势种。

农田或林地地区因人口集中城市化的发展而变成郊区，再由郊区变成城市的过程中，爬虫类及两栖动物因生育地遭到破坏和污染，旅行觅食路线受阻等原因而逐渐减少。城市代表性的动物以猫、狗、鸟等为主。作为宠物，猫还保持着捕猎的本能，常常被用来扑捉老鼠、田鼠。据估算，全球有超过4亿只猫，其中，美国大概有1亿只猫。猫的分布密度与人口密度的相关性高于和猎物密度的相关性，在居住区分散的区域，猫的密度是自然捕食者密度的20～100倍[①]。不论城市的野生动物、驯养动物还是其他城市动物，对保护区域生物多样性具有重要意义，动物生境是城市生态系统的突出问题。人工生境如水泥路面和建筑等破坏了原有适宜野生生物生存的自然生境，其赖以生存的生境面积急剧减少且高度破碎化。此外，城市的污染物排放也威胁城市动物的多样性。

---

①　[美]理查德·福尔曼·城市生态学——城市之科学[M]. 邬建国，译. 北京：高等教育出版社，2017.

第二节 城市绿地、廊道与网络

城市作为一个复合的生态系统，是全球可持续发展的关键，也是人类生存环境变化的主导。绿地（urban green spaces，国外多称为城市绿色空间）作为“城市生态系统”和“绿色基础设施”的主要组成部分，为城市提供了重要的ESs功能（图2–2）。其中，我国国土空间总体规划体系下的涉及生态空间和绿地的相关规划内容主要是由一定质与量的各类生境相互联系、相互作用而形成的蓝绿有机体，也是由城市中不同类型、不同性质和规模的各种绿地，共同组合构建而成的一个稳定延续的城市绿色环境体系。近年来，由于城市环境问题显著，国内外基于ESs理论对绿地的功能价值予以重视，相关研究也逐渐增多。国外对此课题的综述成果相对于国内更新较快，如马丁内斯–哈姆斯（Martínez–Harms）等（2012）曾总结了ESs图示化方法（mapping approach），并强调了城市ESs多尺度评估的必要性；普列希（G.Pulighe）等（2016）基于“绿色基础设施”的理念对绿地的ESs功能指标及其内涵进行了综述。国内对综合的ESs的研究论述较多，针对城市绿地的论述虽然不乏，但结合ESs理论的研究较少。李峰等在2004年对此予以重视，并探讨了绿地ESs的概念内涵和国内外发展状况。绿地的ESs功能评估的重点在于理解城市绿地格局及其形态、确认合适的功能指标和评估方法，因此，有必要科学地对此类问题进行探究和归纳。

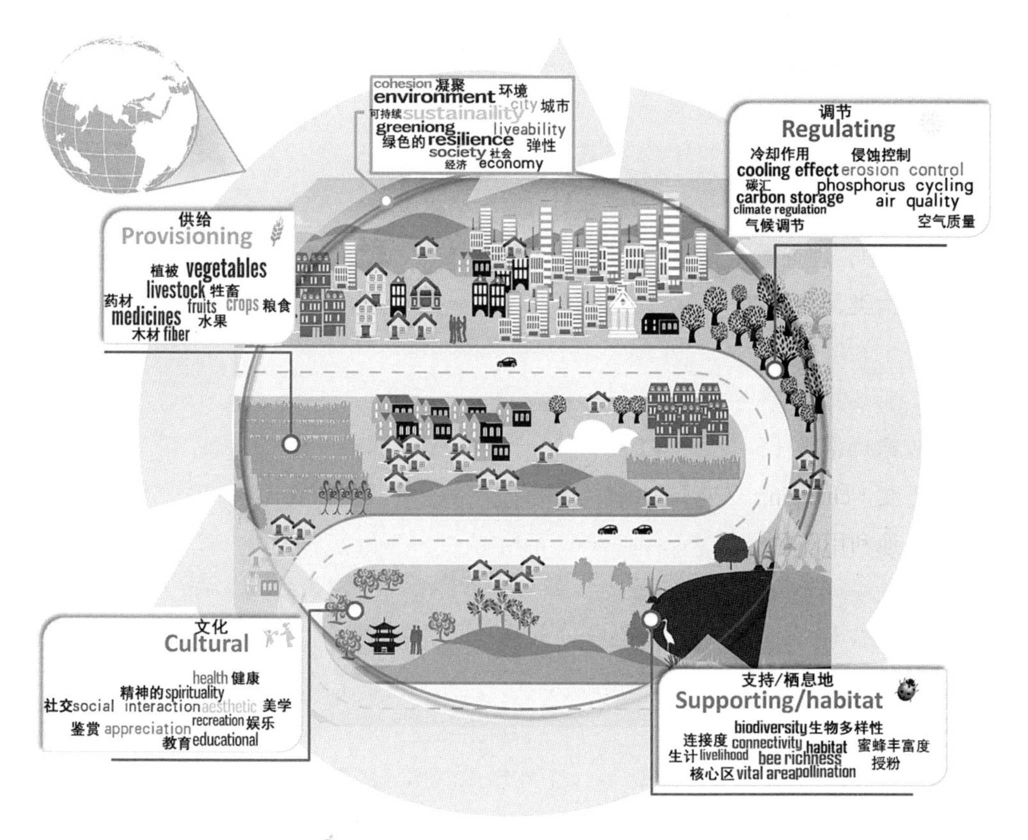

图2-2　城市绿地生态系统服务①

① 韩依纹，戴菲. 城市绿色空间的生态系统服务功能研究进展：指标、方法与评估框架[J]. 中国园林，2018，34（10）：55-60.

一、城市绿地格局

景观格局影响并决定着各种生境生态过程。斑块的大小、形状和连接度会影响到景观内物种的丰度、分布及种群的生存能力与抗干扰能力。绿地景观格局是指不同大小和形状的各种景观元素的空间布局，景观要素斑块、基质、廊道、交错区以及它们的相互配置格局密切相关（表2–3）。城市绿地景观指数从景观生态学的视角对自然地理量化分析，其指数类型和相互关系与生态安全格局、生态网络、生态廊道密切相关，是揭示城市绿地系统的ESs的主要方法之一。由于景观指数数量多且由于新理论在景观生态学中的应用而不断推陈出新，对景观指数的分类还未形成统一标准[①]。其中，理查德·福尔曼（Richard T. T. Forman）（1995）把描述斑块的景观指数分为两大类，即描述斑块形状的景观指数，如形状指数（Shape index）等；描述斑块镶嵌的景观指数，如相对丰度（relative richness）、优势度（dominance index）和分维数（fractal dimension）等[②]。胡尔肖夫（Hulshof）（1995）认为景观指数可划分为景观格局指数（pattern index），包括斑块类型、数量及形状指数；另一类是景观变化指数（changing index），如斑块数目变化率等。里特尔（Riitters）等（1995）对85幅土地利用图的55个景观指数进行了计算，并用因子分析法对这些指数进行了维数压缩。经综合分析，最后将其分成5组：①描述斑块平均压缩度的指数；②描述景观总体质地的指数；③描述斑块形状的指数；④斑块周长、面积比例指数及斑块

景观格局类型释义　　　　表 2–3

格局类型	生态过程中的作用
生态源地	即核心区，前景像元中较大的生境斑块，可以为物种提供较大的栖息地，对生物多样性的保护具有重要意义，是生态网络中的生态源地
孤岛状斑块	彼此不相连的孤立、破碎的小斑块，斑块之间的连接度比较低，内部物质、能量交流和传递的可能性比较小，是需要优化的重点区域
边缘区	是核心区和主要非绿色景观区域之间的过渡区域
穿孔	核心区和非绿色景观斑块之间的过渡区域，即内部斑块边缘（边缘效应）
环道区	连接同一核心区的廊道，是同一核心区内物种迁移的捷径
支线	只有一端与边缘区、桥接区、环道区或者孔隙相连的区域

① 陈文波，肖笃宁，李秀珍. 景观指数分类、应用及构建研究[J]. 应用生态学报，2002（1）：121-125.

② FORMAN R T T. Land Mosaics: the Ecology of Landscapes and Regions[M]. Camb ridge: Camb ridge University Press, 1995.

类型指数。结合地理信息系统的功能进行延伸，形成了各具特色的景观指数工具，如形式化分析SPAN工具、景观指数分析Fragstats工具，每种工具有多种分类下的景观指数和使用参考文献。

二、生态廊道与网络

生态廊道（ecological corridor）是生态网络（ecological network）的关键组成部分，具有保护生物多样性、过滤污染物、防止水土流失、防风固沙、调控洪水等ESs功能，由植被、水体等生态性结构要素构成，与绿色廊道（green corridor）表示的是同一个概念①。美国保护管理协会（Conservation Management Institute, USA）从生物保护的角度出发，将生态廊道定义为：供野生动物使用的狭带状植被，通常能促进两地间生物因素的运动，涉及的要素有数目、本底、宽度、连接度、构成、关键点（区）等。廊道的构建可以减少系统中生态流被隔断的概率，同时其宽度影响廊道生态功能的发挥，过窄的廊道会对敏感物种不利，同时降低廊道过滤污染等功能。连接度是指生态廊道上各点的连接程度，它对物种迁移及河流保护都十分重要。关键点包括廊道中过去受到人类干扰以及将来的人类活动可能会对自然系统产生重大破坏的地点。生态廊道的构建需要考察动物利用廊道的方式、周围土地的利用方式及由生态廊道连接的大型生态板块。生物廊道主要有生物栖息地、生物迁移通道、防风固沙、隔离（如控制城市扩张的绿带）等功能。如河流廊道具有保护水资源和环境完整性，为河流生物提供食物、降低河面温度等功能。

国外基于网络理论对自然资源评估的发展起源于对国家公园、自然林地等资源的建设和保护。欧洲运用生态网络（ecological network）表示对维持生物多样性、恢复廊道生境、保护动植物栖息地的规划实践，并在多个城市制定了一系列的规划，如荷兰国家生态网络、比利时弗兰德斯生态网络和捷克国土景观生态系统等；北美地区主要发展强调以人的观赏和游憩为目的的绿道网络（greenway network），依托国家公园、文化遗产等资源建设，如美国南佛罗里达州绿道系统、美洲生态走廊等绿道网络规划；亚洲国家相对于西方国家在此领域发展较晚，且依据各国国情不同实施的策略也有所差异，如新加坡制定的公园连接道和韩国的城市绿道系统本质上都是借鉴北美绿道理念侧重于自然资源的游憩功能。国内城市中绿地生态网络通过线性廊道将“点”状、“面”状的各种类型的生态斑块如街头绿地、

① 戴菲，胡剑双. 绿道研究与规划设计[M]. 北京：中国建筑工业出版社，2013.

城市公园、郊野公园、自然保护区、风景名胜区、农田、苗圃、山地、水系、湿地等纳入其中，组成一个绿地空间化的网络，形成一个自然、多样、高效、有一定自我调节能力的完整的生态系统，起到促进自然与城市协调互动、健康发展的作用[①]。

其中，以“生境”为本体的网络理论的运用主要侧重于区域内群落间和物种间的流动性，进而维持区域的生物多样性。德国作为“生境”概念的发源地，过去的几十年中，其自然保护策略从建设孤立的保护区到对斑块进行严格保护，逐渐转向通过建设“生境网络”保护物种和区域生态环境。随后“生境网络”理论也被各国学者相继应用，主要可概括为四大步骤（生境单元分类辨识、关键种寻找、连通空间寻找运动、空间和廊道构建）和四种方法（物种导向的生境网络规划，多功能复合型的生境网络规划，以生态保护要求约束土地利用及构建人工廊道支持物种运动迁移）。近年来，生境相关研究领域也逐渐从大尺度的自然区域转向高密度城市区域，如浅川（Asakawa）（2004）通过对公众感知北海道札幌市“生境网络”的定量研究，确定公众感知度与河流两岸植被类型及受保护程度有密切联系；罗伯特（Robert B. Blair）等（2008）分析了美国牛津市、圣保罗市、帕洛阿尔托市等五个城市从乡村到城市的三个梯度上的鸟类分布，从而探究郊区生境在城乡“生境网络”中发挥作用特点。

生境在不同空间尺度具有异质性，是影响其内部种群聚集结构的主要因素。随着生境评估和优化的发展，逐渐从单一的生态廊道向多尺度的网络结构转变。例如，托德（Todd）等（2007）集合鸟类调查与林地调查数据后创建了统一的数据平台评估美国东部五个区域林地中多个空间尺度上建模鸟类—栖息地关系，研究中定义的三个层次尺度为“个别的鸟类调查路径尺度”“基于林地调查单元尺度”和“基于地形分区尺度”；切克（Cheek）等（2016）结合低成本声呐调查数据、无人机航空图像和鱼类收集数据，从多空间尺度（微生境、中生境、河道单位、河流河段）评价得克萨斯州中部高原的鱼类生境中不同物理化学变量和景观变量之间的关系。

---

① 刘滨谊，王鹏. 绿地生态网络规划的发展历程与中国研究前沿[J]. 中国园林，2010，26（3）：1-5.

第三节 城市绿地生态系统服务功能指标

ESs功能指标是反映生态系统的状态与趋势，监督和交流政策目标与进程的重要工具。确认合适的功能指标是绿色空间ESs评估的基础。康斯坦萨等将ESs功能归为17类（详见本书第1章）。乔恩·诺贝格等基于生态学理论将ESs功能归为种群维持、对外来物质过滤的生态系统，以及生物单元通过选择过程创造组织的功能三大类。随后，MA将其归为供给服务、调节服务、文化服务和支持服务四大类。一些学者认为MA的四分法并没有对中间过程和最终服务进行区别，因此，基于最终服务将ESs划分为与人类福祉直接相关的健康、安全、生产要素和自然多样性4个类别，从而构建了CIECI（common international classification of ecosystem goods and services）分类框架。随后的IPBES更关注自然赋予人类的效益，概括了调节贡献（regulating contributions）、物质贡献（material contributions）和非物质贡献（non-material contributions）三大类。然而由于这一指标体系被提出不久，相关应用研究成果还较少。傅伯杰等认为缺乏统一的ESs指标体系和技术方法是导致不同区域间的评估结果可比性差、区域和国家尺度上的集成研究难以开展的原因，并采用频度分析法和专家咨询法，基于CIECI分类体系，构建了我国生物多样性与ESs评估指标体系，但其体系中并未强调城市尺度ESs评估的特殊性。国内学者目前应用较多的是以谢高地等为代表的分类系统，是基于康斯坦萨的“十七分法”发展而来，由专家访谈得出的符合我国国情的分类法。此方法虽然被广泛运用在林地生态系统、湿地生态系统、草地生态系统和河流生态系统等自然生态系统的服务价值评估上，但对于市域中小型尺度的绿地的适用度有待商讨。李锋曾单独针对城市绿地的ESs给出总结，包括净化环境、调节小气候、蓄养水源、土壤活化和养分循环、维持生物多样性、景观功能、休闲文化和教育功能、社会功能和防护及减灾功能①。但是此分类法的功能定义有所重叠，如“休闲文化和教育功能”可看作属于“社会功能”的一部分。

尽管MA的分类系统存在质疑，但自提出后被国内外众多学者广泛支持和发展，其分类框架将ESs同人类福祉结合起来，有益于表达城市绿地的社会属性，是国内外绿地ESs功能确定的重要参照（表2-4）。例如，德克真（M. L. Derkzen）等（2015）基于MA分类系统将鹿特丹的绿地ESs功能归纳为空气净化、碳储存、减少噪声、雨水保持、冷却作用和娱乐等②；许学工等（2013）以MA为依据将北京的绿地ESs功能定义为食物供给、材料供给、生物多样性、气候调节、净化环境、水资源保护、土壤保护以及文化和娱乐。基于MA分类和前人研究，本书总结出城市绿地可潜在提供的ESs功能以及其代表的绿地示例，并列举以下九种典型绿地ESs功能指标加以详述。

MA 分类系统的城市绿地的潜在生态系统服务功能指标分类　　表 2-4

城市生态系统服务功能	内容	内涵阐述	绿色空间类型示例
供给服务	蔬菜、牲畜、水果、农作物、药材、木材等	人类可从生态系统中获得的产品，如水、食物、纤维等	如都市农业、林场、鱼塘等
调节服务	冷却作用、保持水土、碳储存、空气净化、调节气候、碳素循环、降噪等	生态系统的自发属性对人类生存环境的调节，如气候调节、水文循环和水质等	如城市林地、防护林带等
文化服务	健康、精神、社交互动、美学、教育、观赏等	来源于人类和生态系统之间有形的和无形的福祉，如娱乐、风景观赏等	如儿童游乐园、社区公园、高尔夫球场、植物园、墓园等
支持服务	生物多样性、栖息地、蜜蜂繁殖、生计、授粉等	基本的生态系统过程，保持服务功能的世代传承，如土壤形成、授粉、营养循环等	如城市林地、湿地公园、国家森林公园、植物园等

① 李锋，王如松. 城市绿色空间生态服务功能研究进展[J]. 应用生态学报，2004，15（3）：527-531.

② DERKZEN M L, TEEFFELEN A J, VERBURG P H.Review: Quantifying urban ecosystem services based onhigh-resolution data of urban green space: anassessment for Rotterdam, the Netherlands[J]. Journal of Applied Ecology, 2015, 52 (4): 1020-1032.

一、城市生物多样性支持

生物多样性支持功能是诸多ESs功能的基础，其变化将会对生态系统过程和生态系统对环境变化的抵抗力与韧性产生影响，同时通过反馈机制又会影响到人类健康和社会福祉。随着经济的快速发展，城市扩张、人口激增、地区发展不平衡及对自然资源的掠夺式利用等问题突显，引起的生物多样性丧失将会直接导致ESs功能退化，从而影响城市的可持续发展。城市生物多样性（urban biodiversity），是指城市范围内除人以外的各种活的生物体，在有规律地结合在一起的前提下所体现出来的基因、物种和生态系统的分异程度。绿地是城市生物多样性和ESs功能的主要载体，也是城市发展的自然本底。在土地演替过程中，当各类型土地空间分布从极度蔓延到相对集中时，生物多样性呈现增大趋势，同时，相对规整的绿地形态能够促进生物多样性。因此，针对城市绿地的生物多样性功能的深入研究在维护城市生态系统平衡、改善城市人居环境等方面均有重要意义。

生物维度的生物多样性研究主要包括遗传、物种、生态系统和景观多样性四个方面（表1–2），而城市中的生物多样性支持功能研究主要集中于后三个方面。其中，物种多样性和生态系统多样性研究多基于传统的野外调查方法，基于物种的样方调查，以物种多样性的空间分布来间接评估，或者进行群落类型调查，以群落的多样性代表生态系统多样性；部分学者认为仅采取小尺度样方调查难以反映区域的物种多样性，不同尺度范围的空间差异性会对物种多样性造成一定影响。而相关研究表明，多尺度的研究则有利于消除一般规则下的错误判断，从而全面评估物种多样性，发现生物多样性保护的适宜尺度。因此，运用样方法进行野外调查分析区域物种多样性时，应当重点考虑样方取样的尺度效应。对于复合种群或者物种多样性分析，可以应用生境多因子评价等方法，通过遥感与地理信息系统进行间接物种多样性分析，但是该方法限制因素较多，一般需与长期野外调查相结合。

区域尺度生态系统多样性层次以及景观多样性评估多采用野外调查和遥感及地理信息系统相结合进行分析，需从生态系统的结构、类型、生态过程和ESs功能多样性方面进行分析，多以生物群落类型作为生态系统多样性评估依据，或者对各种景观类型的丰富度、均匀度以及各类景观类型面积比例等指标进行分析。在宏观尺度上的生物多样性的研究多考虑土地类型组成、土地利用与景观格局特征等因素对栖息地的影响，集合多因子评价、模型模拟等途径对研究区域的整体生态系统的生物多样性支持能力进行评估。

二、授粉

植物的花粉从花药到柱头的移动过程叫做授粉，是其结成果实必经的过程，是生物多样性以及诸多作物产量的体现。授粉媒介，包括风、水和动物等，其中开花植物中大约有80%的物种需要动物作为授粉媒介。如果野生和圈养授粉生物的数量继续下降，那么将给依赖于授粉生物的食品生产带来严重危险。

昆虫类群是占有较大比例的授粉媒介，所以昆虫对许多粮食、蔬菜、果树、园艺、牧草等作物来说不可或缺，可使城市生态系统植物类群可持续繁育、增加生物量、改善生境、释放氧气、减少温室气体。此外，TEEB曾做出估计，昆虫授粉者对农业产量的贡献约为1900亿美元/年。换言之，假如昆虫减少，人类为维持粮食、果蔬的供给，需要耗费大量人力、物力给作物进行人工授粉。而且有研究表明，野生昆虫物种多样性对许多农作物的授粉具有重要价值，甚至比人工饲养的蜜蜂更为有效，其授粉量比蜜蜂授粉多两倍。温弗里（Winfree）等发现，拥有更多物种的生态群落能够产生更高水平的ESs功能，包含生物量产出、营养循环和授粉方面，对于75%的作物物种而言，传粉者是增加产量的必要条件。可见昆虫授粉过程可以服务于人类农业生产，如昆虫传粉对农作物增质、增量、降低人工授粉成本具有巨大服务价值。

昆虫的授粉能力较依赖其生境特征，城市中的土地利用和覆被类型对野生传粉蜂的蜜粉源植物和其巢穴资源的可得性不一样，不同野生传粉昆虫对不同农作物授粉ESs能力以及空间格局具有异质性。当下对于授粉服务的评估通常集中探究其经济价值以及空间特征，如莫尔斯（Morse）等（2000）采用了昆虫传粉依赖性方法估算了蜜蜂授粉在美国1989年和2000年对农业的价值；克雷曼（Kremen）（2018）研究了传粉所需的蜜蜂种类，发现授粉种类因地点而异（图2–3）；克莱因（Klein）等（2007）用全球200多个国家的原始数据评估人类农作物产量对动物授粉的依赖程度时发现，农业集约化在景观尺度上危害野生粉蜂群落及其对授粉服务的稳定作用（图2–4）。随着城市化进程推进，自然生境破碎化导致的粉源植物减少、停留植被减少等问题使得昆虫的生存遭到威胁，引起的授粉者共位群结构的改变，会对植物群落的基因流动等方面产生深远的影响。为更好地保护昆虫，也出现了昆虫习性研究、杀虫剂对昆虫毒性研究等。

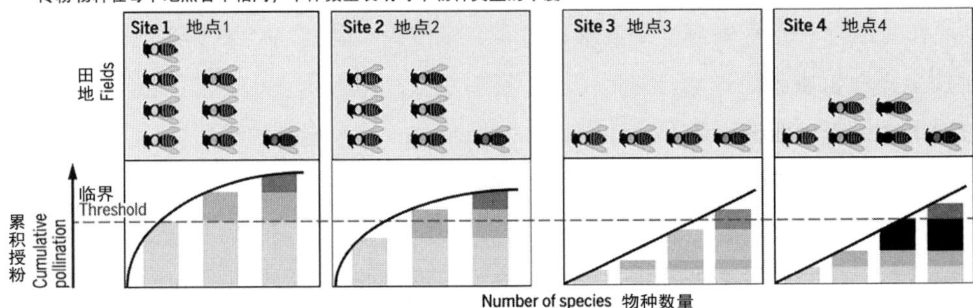

图2-3　传粉昆虫物种多样性的价值①

三、碳储存

全球气候变暖始终是世界各国关注的焦点问题，相关数据显示全球80%的人为温室气体主要是由CO_2构成的，而其中最主要的排放量则来自于城市。城市通常以人口、车辆、能源消耗和工业的高度集中为特征，尽管城市覆盖范围不到地球总面积的1%，但城市的煤炭能源消耗却占全球煤炭总消耗的76%。因此，如何减少城市系统的CO_2排放量对于减少全球温室气体浓度至关重要，而其中最有效的途径之一就是通过植树造林等生物措施来吸收和固定CO_2以增强城市绿地的碳储存总量，最终减少城市CO_2的排放。因此，探究城市绿地的碳储存功能对缓解气候变化问题具有重要意义。城市绿地的碳储存是指绿地生态系统中储存的碳的总累积量，是绿地ESs提供的最重要的调节功能之一，在缓解城市热岛效应、调节局部小气候，以及维持城市碳氧平衡和生态平衡等方面都发挥着重要作用。

生态系统碳储存量是生态系统长期积累碳蓄积的结果，是生态系统中现存的植被生物量有机碳、凋落物有机碳和土壤有机碳储量的总和。而生态系统中的碳大多储存在树干、树枝和树叶中，通常被称为生物量；另外，碳也可直接储存在土壤中。因此，城市绿地中的碳储存估算主要由四部分组成：地上生物量、地下生物量、土壤和死亡的有机物质。地上生物量是指土壤层以上所有存活的植物体部分；地下生物量则指的是这些存活的植物体的根系系统；土壤库通常指的是矿质土壤的有机碳，同时也

① KREMEN C. The value of pollinator species diversity[J]. Science, 2018, 359: 741-742.

包括有机土壤；而死亡的有机物质主要包括凋落物及已经死亡的树木。

目前，城市绿地中的碳储存量可通过仪器监测以及模型估算得到。中小尺度的绿地碳储量估算多采用野外调查和监测手段为主，较宏观尺度的碳储量估算则需要通过模型估算实现，如赫蒂拉（Hutyra）等（2011）采用野外直接测量和遥感时间序列相结合的方法探讨了低地西雅图统计大都会区（MSA）过去土地覆盖变化对植被碳储量的影响，发现在1986～2007年的城市扩张大多以占用森林为代价，致使该区域每年平均地上植被碳储量损失1.2MgC/hm^2（图2–5）。近些年，模型模拟在碳储量的估算研究方面使用越来越普遍，因为模型模拟不仅可以基于时空维度对不同区域尺度（如全球尺度、国家尺度或市域尺度等）的生态系统的碳储量进行明确的空间评估，还能够模拟、预测和评估城市扩张对区域碳储量的影响，从而为后期城市发展与规划设计提供科学借鉴和指导。

四、空气净化

随着我国城市化的快速发展，严重的空气污染问题、雾霾天气在各大城市频频出现，而粉尘颗粒物（PM）是引发空气污染的首要因素，且对人体健康威胁较大。医学上大量研究表明，PM_{10}可进入人体呼吸道引发咳嗽、哮喘等疾病，而$PM_{2.5}$可进入肺泡诱发癌症等恶性疾病，对人体健康具有严重危害，且重度颗粒物污染天气还会导致空气能见度下降，导致交通安全隐患，从而严重影响人类生产和生活。城市绿地在净化城市空气环境、维持城市生态系统动态平衡方面有着十分显著的正效应，因此对城市绿地的空气净化功能探究对缓解城市空气污染问题具有重要意义。

城市绿地的空气净化功能是指绿地植被在进行正常的生长发育过程中通过不同的理化途径对城市空气污染物进行吸收和消减并释放出负氧离子的过程，这种空气净化功能具体表现为吸收有毒气体、滞尘、释放负氧离子等，因此城市绿地也被看作为“城市之肺”。而在城市绿地生态系统中，林地和湿地都是极为重要的绿地类型，其空气净化能力远高于同尺度的其他绿地类型，因此对林地和湿地系统净化能力相关研究有着极为重要的价值。

当前城市绿地的空气净化功能研究集中在“绿地植物滞沉吸收能力”以及“绿地消减颗粒物浓度”评估研究。首先，绿地植物滞沉吸收能力研究多基于野外调查和取样测量，如柴一新等通过野外调查和取样测量法对哈尔滨市28个树种进行了滞尘测定，结果表明不同的树种滞尘量差异显著，树种之间的滞尘能力可相差2～3倍（表2–5）；吴中能等通过野外调查与取样试验测量得出不同类型园林植物滞尘能力

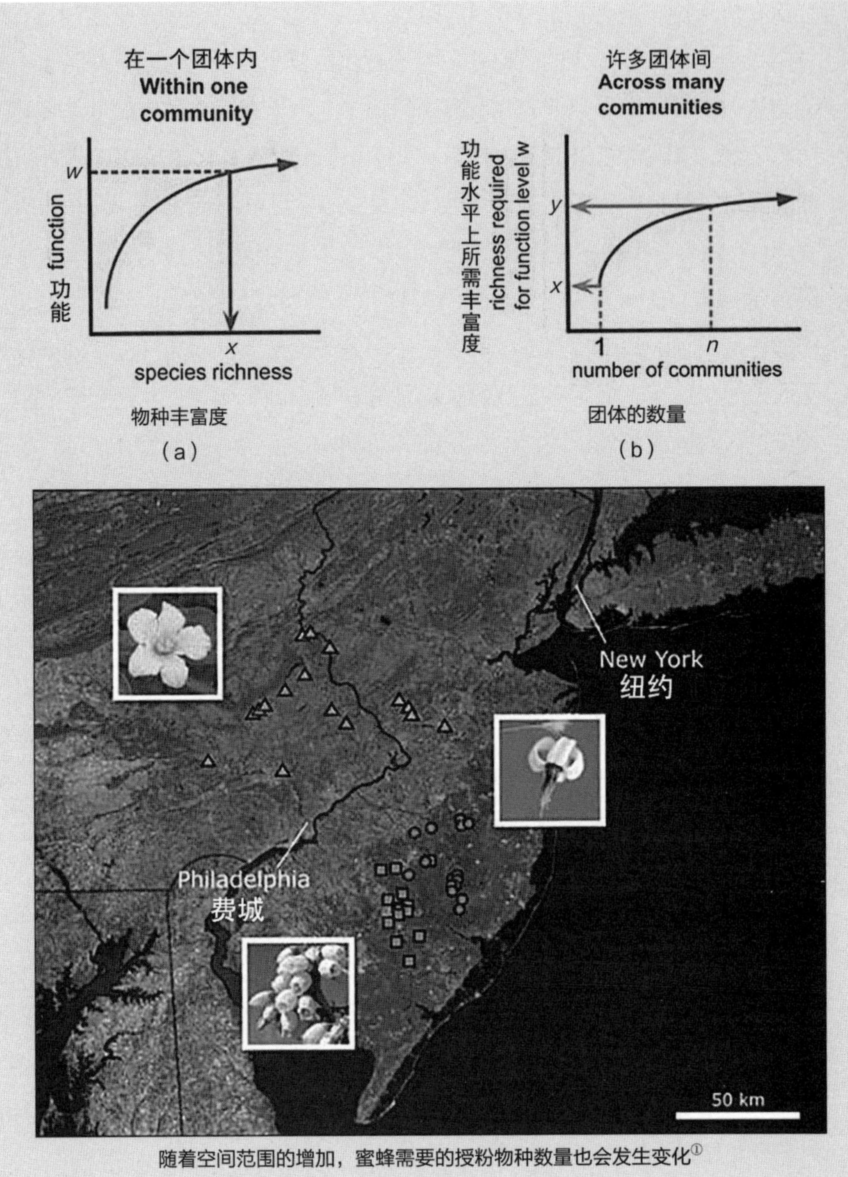

图2–4 农业集约化对蜜蜂授粉作用的影响

---

① KLEIN A M, VAISSIÈRE B E, CANE J H, et al. Importance of pollinators in changing landscapes for world crops[J]. Proceedings of the Royal Society B—Biological Sciences, 2007, 274: 303-313.

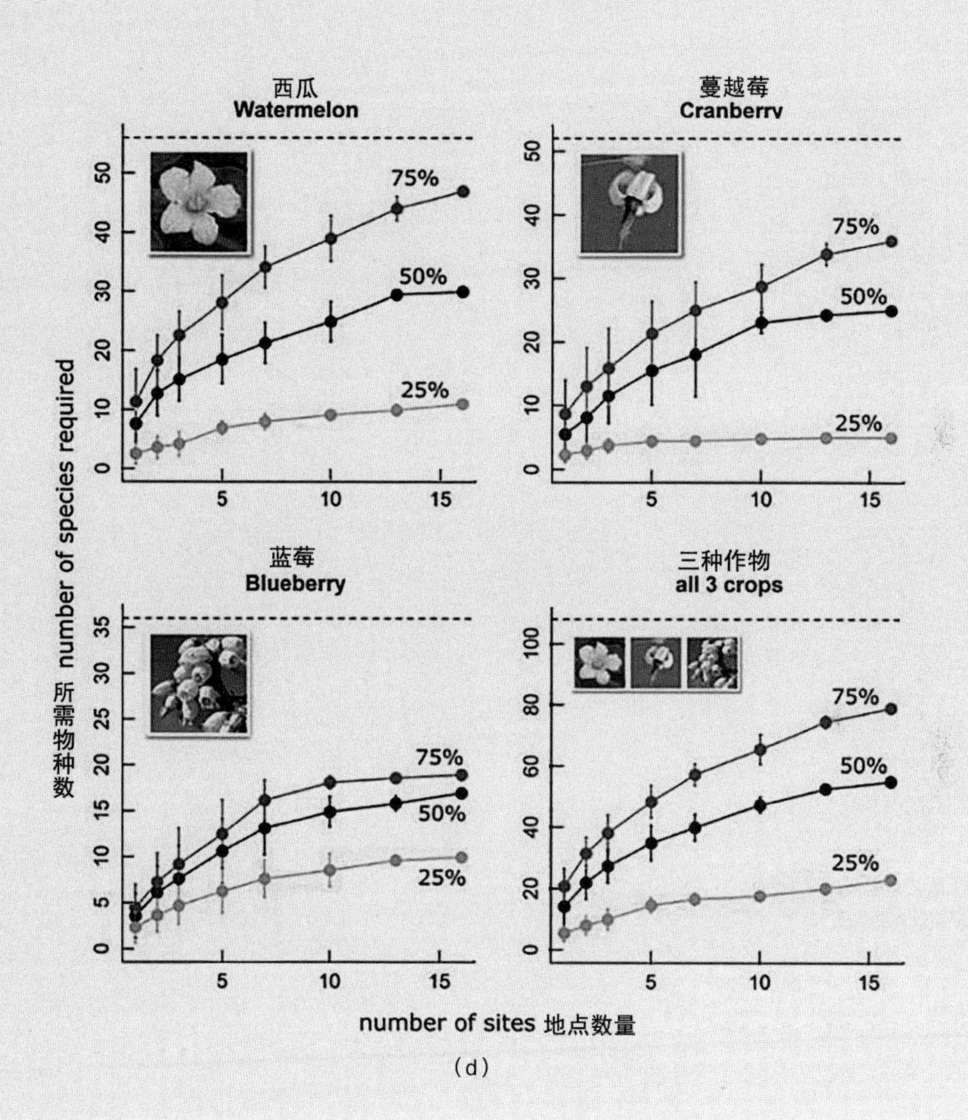
西瓜
Watermelon
蔓越莓
Cranberry
蓝莓
Blueberry
三种作物
all 3 crops
75%
50%
25%
所需物种数 number of species required
number of sites 地点数量

（d）

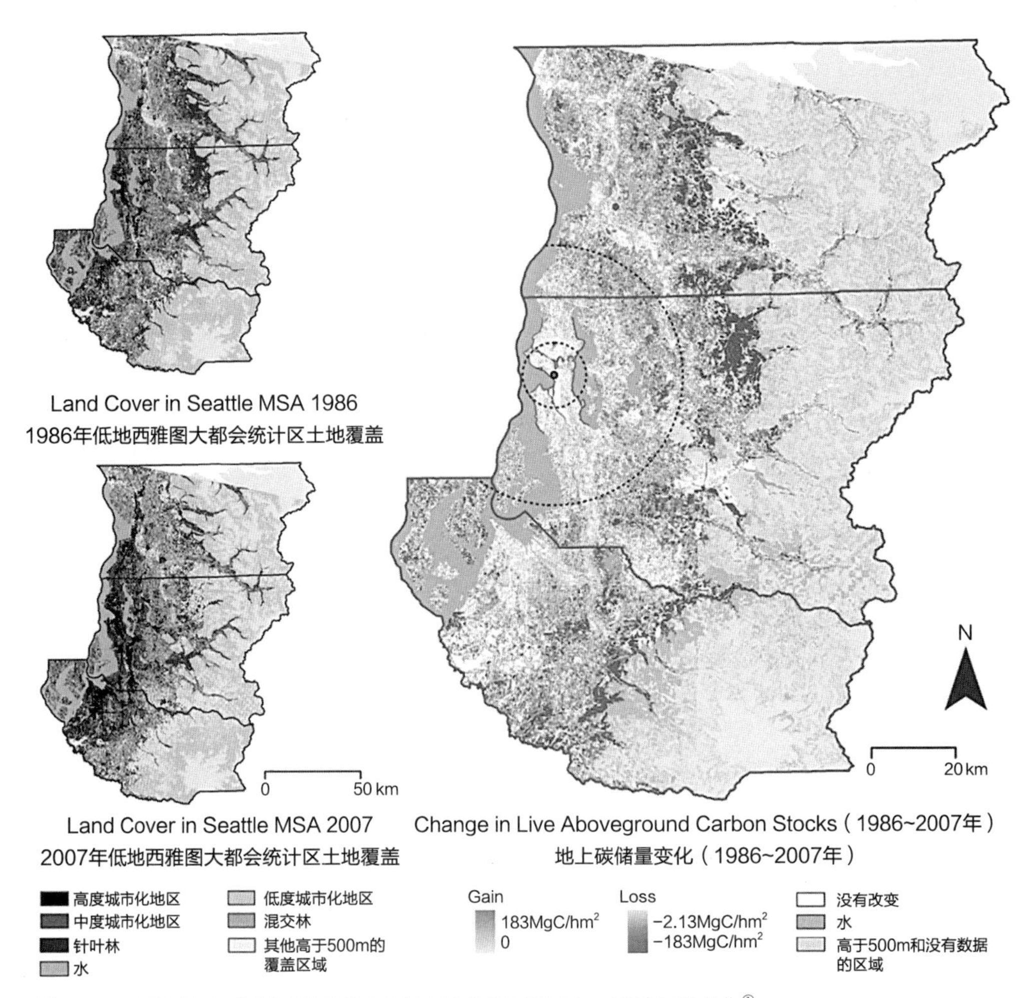

图2–5　1986年和2007年西雅图大都会统计区土地覆盖图及地上碳储量的变化①

① HUTYRA L R, YOON B, HEPINSTALL-CYMERMAN J, et al. Carbon consequences of land cover change and expansion of urban lands: A Case Study in the Seattle Metropolitan Region[J]. Landscape and Urban Planning, 2011, 103(1): 83-93.

哈尔滨市常见乔灌木的滞尘能力[1] 表 2–5

植物类型	树种名	平均滞沉能力（g·m^{-2}/周）
乔木	白桦 *betula platyphylla*	1.0285
	糖槭 *acer negundo*	1.5373
	榆树 *ulm us pumila*	1.4454
	垂柳 *salix matsudana*	0.6946
	银中杨 *populusalba X berolinensis*	1.9215
	紫椴 *tilia amurensis*	0.8209
小乔木	山桃稠李 *prunus maackii*	2.4505
	垂枝榆 *ulm us densa*	0.8677
	野梨 *pyrus ussuriensi*	0.8151
	文冠果 *anthoceras sorbifolia*	0.5858
	稠李 *prunus pad us*	0.6732
灌木	忍冬 *lonicera maackii*	2.0284
	树锦鸡儿 *caragana arborescensis*	1.7076
	接骨木 *sambucus williamsii*	1.4449
	毛樱桃 *prunus tomentosa*	1.2282
	连翘 *forsythia mandshurica*	1.0061
	榆叶梅 *prunus triloba*	1.0126
	紫丁香 *syringa oblata*	1.0119
	暴马丁香 *syringa t iculata var.mandshurica*	0.6991
	金焰绣线菊 *syringa t iculata var.mandshurica*	0.8611
	水蜡 *ligusfrum obtusifolium*	0.6844
	金山绣线菊 *spiraea xbumalda Gold Mound*	0.8134
攀缘植物	五叶地锦 *parthenocissus quinquefolia*	0.6472

① 柴一新，祝宁，韩焕金. 城市绿化树种的滞尘效应——以哈尔滨市为例[J]. 应用生态学报，2002（9）：1121-1126.

从大到小依次为乔木＞灌木＞草本，由于乔木拥有硕大的林冠层和枝叶量，比灌木和草本植物更能有效地滞留空气中的粉尘颗粒物。其次，绿地消减颗粒物浓度的研究目前多集中于群落尺度，常采用野外调研和现场测量法探究不同类型及结构的绿地在吸收有毒气体及滞尘方面的相关规律或周边环境因子对绿地消减颗粒物浓度的影响。例如，汪结明等（2016）通过野外调查和现场仪器测量对6种绿地类型内大气$PM_{2.5}$浓度的监测结果进行分析，结果表明复层植被结构的滞尘能力大于单一植被结构；邵锋等（2017）通过现场仪器测量发现，在杭州春季城市绿地中，以乔灌草为主、郁闭度大的绿地对$PM_{2.5}$具有较好的消减作用。近年来，越来越多的研究开始从街区尺度和城市尺度探讨绿地消减颗粒物的能力，以及相应的绿地格局优化策略，其研究方法主要结合实测和软件模拟（如城市微气象模拟工具ENVI-met、流体动力学模型FLUENT等）优化城市绿地规模和形态，改善内部通风，促进颗粒物的扩散。例如，顾康康等（2020）通过场地观测和ENVI-met模拟相结合的方法探讨城市道路绿地植物群落$PM_{2.5}$的影响，祝玲玲等（2019）通过ENVI-met软件模拟不同居住区空间形态指标下的$PM_{2.5}$浓度并探讨城市居住区空间形态与$PM_{2.5}$浓度关联性。

五、城市雨洪调节

针对城市“看海”、传统城市排水系统等水环境问题，雨洪管理（stormwater management）愈发受到重视，一般是指对城市雨水的控制和利用。城市绿地作为绿色基础设施（green infrastructure ）的重要部分，构建一个相互联系的网络系统，可以自然地管理暴雨，减少洪水的危害，改善水的质量，节约城市管理成本。西方发达国家较典型的主要有美国的最佳管理措施（BMP）及低影响开发（LID）体系、澳大利亚的水敏感性城市设计（WSUD）、英国的可持续排水系统（SUDS）、新西兰的低影响城市设计和开发（LIUDD）等。20世纪80年代中期，美国的低影响开发（Low Impact Development, LID）是被美国东部马里兰州的乔治王子县（Prince George’s County）引进生物滞留技术所提出的理念，通过分散的、小规模的源头控制机制和设计技术，控制暴雨所带来的径流和污染问题，使开发区域尽量接近开发前的自然水文循环状态，其在小场地的应用更强并形成一系列的跟踪成果报告。随后，澳大利亚的水敏感性城市设计（Water Sensitive Urban Design, WSUD）是指通过整合城市基础设施和贯彻水敏感理念，提高城市的宜居性，并通过综合的水资源管理达到城市级别的水平衡，确保城市应对气候变化时的韧性，满足了现代城市日益增长的水资源需求。

2003年，北京大学俞孔坚和李迪华教授共同出版的《城市景观之路：与市长交流》一书中最早将“海绵”的概念比喻自然湿地、河流等对城市旱涝灾害的调蓄能力，其核心目标是维持开发前后水文特征不变，在城市开发建设过程中采用源头削减、中途转输、末端调蓄等多种手段，通过渗、滞、蓄、净、用、排等多种技术，实现城市良性水文循环，提高对径流雨水的渗透、调蓄、净化、利用和排放能力，维持或恢复城市的‘海绵’功能。随后，我国住房和城乡建设部于2014年11月出台《海绵城市建设技术指南——低影响开发雨水系统构建（试行）》，下雨时渗水、滞水、蓄水、净水、需要时将水释放并加以利用、排放多余雨水六个步骤，实现径流总量和峰值流量保持不变，径流峰值出现的时间基本保持不变，减少地表冲刷造成的水土流失，提升城市ESs，减少城市洪涝灾害的发生。“海绵”理论是在城市雨洪管理理论基础上的内涵发展和进步，实践了生态型城市雨洪综合管理思想和途径，优化了以往城市建设与水文生态系统的关系，是城市解决水文自然灾害的低影响、弹性应对策略。

六、水土保持

城市水土流失是一种对城市社会经济发展和生态环境有严重影响的灾害类型，是指在城市化过程中，城市及其周边地区主要由城市开发建设等人为活动引发的水及土壤资源的流失，城市水土保持是针对此问题应运而生，是生态系统提供的重要调节服务之一，通过其结构与过程减少由于水蚀所导致的土壤侵蚀的作用。《人类对全球环境的影响报告》（*SCEP*）认为，调节土壤总量是大自然免费提供的另一项资产，土壤在农田中缓慢减少，在植被下缓慢增加，可以得到调节与平衡。由此可见，若是实行良好的耕种制度，可以减少水土流失；若是植被遭受破坏，势必相应造成水土流失。而水土流失将导致土地贫瘠、沙漠化、荒漠化、石漠化，继而使得空气与水域含沙量增加，造成沙尘暴、河流淤积等严重后果。因此，探究城市绿地的水土保持服务功能对城市的经济、社会及环境可持续发展均具有重要意义。

城市绿地生态系统中的水土保持功能主要与气候、土壤、地形和植被有关，在研究中多以土壤侵蚀量作为生态系统水土保持功能的评估指标。目前，其相关研究方法主要集中于方程模型计算，其中运用较为广泛的是土壤流失方程模型（RUSLE）和InVEST模型中的水土保持模块。其中，土壤流失方程模型是一种被广泛接受和应用的经验土壤侵蚀估算模型，其主要基于降雨侵蚀力因子、土壤侵蚀力因子、坡长和陡度因子、覆盖管理因子及保护措施因子五个因子建立，用于估算年平均土壤流失量，也可用于间接评估土壤保持量。例如，宁婷等（2019）通过修正后的通用水土流失方程定量评估了山西省生态系统土壤保持功能重要性；胡晓倩等（2020）应用修正通用土壤流失方程定量分析了近15年南方红壤丘陵区退耕还林还草的空间范围，并估算了退耕还林还草实际发生区的土壤保持效应。InVEST模型的模块是集成了水土流失模型的模块通过输入图层因子得出空间统计结果，由于其使用方便以及空间可视化特征，近年来被国内外学者应用于评估城市绿地水土保持功能时空演变趋势或者土地利用转换对绿地土壤保持功能的影响等议题上。

七、气候调节

全球干旱、暴雨、暴雪等极端天气，及过度碳排放引起的冰川融化、海平面上升、山火频发等问题引起世界范围内广泛关注，这些现象都与生态系统的气候调节功能失衡有关。气候调节指生态系统调节全球气温、降水，以及全球或地方层面生物介导的气候过程，如对温室气体的调节，生产对云的形成有促进作用的DMS（二甲基硫）等。

城市中植物叶面可以通过吸收太阳辐射和蒸腾作用来降低温度、调节湿度，从而改善城市微气候（microclimate）。城市绿地系统、市郊林带也对城市的温度、湿度和通风具有良好的调节作用。其中，绿化覆盖率对缓解城市热岛效应显著，当区域的绿化覆盖率达到30%时，热岛强度开始出现较明显减弱；当大于50%时，热岛效应缓解效果极其显著；当绿地面积大于$3hm^2$且绿化覆盖率达到60%时，其内部的热辐射强度有明显降低，甚至与郊区自然下垫面的热辐射强度相当，即在城市中形成了以绿地为中心的低温区域。根据北京市园林局测算，$1hm^2$阔叶林夏季通过叶面蒸腾作用蒸发的水分可达2500t，比同样面积的裸露土地蒸发量高20倍，相当于同等面积的水库蒸发量。城市绿地通过通风廊道和防风屏障两方面对气流进行调节，通风廊道可在夏季将市郊凉爽清洁空气引入城市，而防风屏障可在冬季降低风速、减少风沙。例如，李鹍等（2006）运用CFD（计算流体动力学）技术进行实例模拟分析，发现在城市中建立多种形式的通风道，可提高城市的通风和排热能力，以达到利用自然资源和有效的规划方式降低夏季城市“热岛”温度、节约能源的目的。

尽管城市绿地被认为是城市气候调节的一个总体解决方案，但在局地尺度、街道尺度等小尺度空间中，城市绿地的微气候调节能力显著。以种植结构复杂（乔木、灌木和草本层）和缺乏管理（修剪、灌溉和施肥）为特征的群落类型具有更高ESs供给能力，相比之下，结构不太复杂、管理高度严格的草坪提供这些服务的能力较低，人工林则介于两者之间。因此，绿地种植结构、组成和管理对其气候调节能力至关重要。

八、游憩娱乐

文化生态系统服务（Cultural Ecosystem Services，CESs）是生态系统和人类在长期景观演化中相互影响的结果，服务类别的定义相对模糊，较难在生态系统结构和功能与满足人类需求之间建立明晰关系。其侧重于描述人类从生态系统中获得的非物质利益。MA报告中阐述的CESs与人的关系主要体现在精神丰富、认知发展、反思、再创造和审美体验等方面。与支持和调节类的服务相比，CESs与人类福祉的直接联系较少，当地退化的供给和调节服务可能会被社会经济手段所取代（例如，受污染水井的饮用水可以被瓶装水所替代），但生态系统或景观的文化价值是有限且不可替代的，因此国家在经济发展过程中，社会对CESs的依赖性会逐渐增加。CESs存在于人们的日常生活中，如思维启迪、教育价值、审美学欣赏、社会交流、遛狗等，而不是仅仅存在于具有突出生物多样性、遗产或风景的景观中。Marie C. Dade等（2020）以澳大利亚的布里斯班为例，分析了主要空间、环境、公园设施和社会人口变量对城市公园不同CESs的影响，他们发现，四种影响CESs功能效率的关键变量分别为运动、自然互动、社会互动和放松。

绿地的游憩娱乐功能是城市中CESs的主要体现，我国“公园城市”的创新理念通过打造公园城市格局、公园游憩服务体系、区域风景休憩体系、公园化的城市风貌和绿色开放空间五大要素，构建城园一体的人居环境模式，保证游憩体系的公平性。也有学者对公园绿地的公平性做了内涵界定，认为应当包含地域均等、空间均衡、群体平等、社会均好等方面①。为了保证人们能更为公平地享受到游憩服务，我国的各类标准对此做了规定，《公园设计规范》GB 51192—2016要求公园游人人均占有公园陆地面积指标中，综合公园为30 ~ 60m^2/人，专类公园为20 ~ 30m^2/人，专类公园为20 ~ 30m^2/人，游园为30 ~ 60m^2/人；而《城市绿地分类标准》CJJ/T 85—2017修编中增添了城市建设用地外的绿地分类，包含风景游憩绿地，其被定义为“自然环境良好，向公众开放，以休闲游憩、旅游观光、娱乐健身、科学考察等为主要功能，具备游憩和服务设施的绿地”，使得“风景游憩绿地”和城市建设用地内的“公园绿地”共同构建城乡一体的绿地游憩体系，旨在综合统筹利用城乡生态游憩资源，推进生态宜居城市建设。

当前对游憩服务的理解仍然有限，其在生物物理评估中很难被量化，经济价值也普遍存在争议。这些主要的冲突主要来自于社会经济变化和人们日益增长的娱乐使

---

① 周聪惠. 公园绿地规划的“公平性”内涵及衡量标准演进研究[J]. 中国园林，2020，36（12）：52-56.

用需求，因此需要对此进行定性、定量、空间研究、社会生态系统等方面的识别和评估，并且搭建评估模型，以期改善景观的决策和管理，维持高水平的CESs功能供给。

九、城市噪声消减

城市中的噪声污染被定义为“外部环境中的噪声，如对休息和人类活动造成不适或干扰，对健康造成危险，生态系统、物质物品、纪念碑、外部环境恶化，或干扰房间本身的使用”，这类污染主要来自交通工具、铁路、机场、建筑、工业、娱乐活动等。长期暴露在城市噪声中，对听觉、心血管、胃肠和神经系统都有害，同时也会造成心理困扰。全世界许多人都暴露在这种风险因素下，欧盟约25%的人因噪声而生活质量下降，其中5%～15%的人患有睡眠障碍。而根据世卫组织（WHO）的统计，大多数潜在生命年限的丧失（disability-adjusted life years, DALYs）是由睡眠困扰引起的。基于此，欧盟曾发布2002/49/CE号指令来减少环境噪声的有害影响[①]。同时，因为车辆交通噪声具有一定的连续性和重复性，对睡眠造成障碍，因此世卫组织建议，为了保证人们健康的夜间休息，应避免户外声音大于45dB的活动。城市中噪声大多来源于机场和风力涡轮机的项目，其次是公路和火车（表2-6）。同时，50dB以下的环境噪声对人没有负影响，50dB以上则开始影响人的精神和心理健康，当环境噪声达到70dB时就会对人的身体造成明显危害，高分贝噪声的长期干扰令人产生厌恶心理状态甚至精神分裂。

城市噪声来源与引发的疾病[②]　　表2-6

第一作者	年份	研究方法	国家	噪声来源	危害
Ancona	2014	横断面研究（cross sectional）	意大利	机场	睡眠障碍，烦躁，心血管疾病
Bakker	2012	横断面研究	荷兰	风力涡轮机	烦躁，睡眠障碍
Baudin	2018	横断面研究	法国	机场	烦躁，精神健康
Brink	2019	横断面研究	瑞士	道路，铁轨，机场	睡眠障碍
Brink	2019	横断面研究	瑞士	道路，铁轨，机场	烦躁
Brown	2015	横断面研究	中国	道路交通	睡眠障碍

① 2002/49/CE Directive. Available online：http://data.europa.ue/eli/dir/2002/49/oj (accessed on 30 May 2020).

② MUCCI N, TRAVERSINI V, LORINI C, ET AL. Urban Noise and Psychological Distress: A Systematic Review.[J]. International journal of environmental research and public health, 2020, 17(18).

续表

第一作者	年份	研究方法	国家	噪声来源	危害
Bunnakrid	2017	横断面研究	泰国	道路交通	烦躁
Camusso	2016	横断面研究	意大利	道路交通	烦躁
Elmehdi	2012	横断面研究	阿拉伯联合酋长国	机场	烦躁
Elmenhorst	2019	试验研究（trial）	德国	道路，铁轨，机场	睡眠障碍
Erikson	2017	横断面研究	瑞典	道路，铁轨	睡眠障碍，烦躁，心血管疾病
Fryd	2016	横断面研究	丹麦	道路交通	烦躁
Gjestland	2017	横断面研究	挪威	机场	烦躁
Gjestland	2015	横断面研究	越南	机场，道路	烦躁
Gjestland	2019	横断面研究	挪威	机场，道路	烦躁
Guski	2017	系统性综述（systematic review）	德国	机场，道路，铁路	烦躁
Hays	2016	叙述性综述（narrative review）	美国	油气开发	睡眠障碍，烦躁，心血管疾病
Hong	2010	横断面研究	韩国	道路，铁轨	睡眠障碍
Hongisto	2017	横断面研究	芬兰	风力涡轮机	烦躁
Hume	2010	叙述性综述	英国	机场	睡眠障碍
Janssen	2011	横断面研究	瑞典，荷兰	风力涡轮机	烦躁
Kageyama	2016	病例对照研究（case control）	日本	风力涡轮机	睡眠障碍
Kim	2014	病例对照研究	韩国	机场	睡眠障碍
Kim	2012	横断面研究	美国	道路交通	烦躁，睡眠障碍
Lercher	2013	横断面研究	奥地利	道路交通	烦躁
Lechner	2019	横断面研究	奥地利	道路，铁轨，机场	烦躁
Lercher	2011	叙述性综述	奥地利	道路，铁轨	心血管疾病，烦躁
Lercher	2017	横断面研究	奥地利	道路，铁轨	烦躁
Lercher	2012	横断面研究	奥地利	道路，铁轨，机场	烦躁，睡眠障碍
Lercher	2010	横断面研究	奥地利	铁轨	睡眠障碍
Liu	2017	横断面研究	中国	施工	烦躁
Magari	2014	横断面研究	美国	风力涡轮机	睡眠障碍
Matsui	2013	横断面研究	日本	机场	心理困扰

续表

第一作者	年份	研究方法	国家	噪声来源	危害
Miller	2015	横断面研究	美国	机场	烦躁
Morinaga	2016	横断面研究	日本	机场	烦躁
Muller	2016	队列研究（cohort study）	德国	机场	睡眠障碍
Ogren	2017	横断面研究	瑞典	铁轨	烦躁
Pedersen	2015	横断面研究	瑞典	道路交通	烦躁
Pennig	2014	横断面研究	德国	铁轨	烦躁
Poulsen	2019	队列研究	丹麦	风力涡轮机	睡眠障碍
Ragettli	2015	横断面研究	加拿大	道路，铁轨，机场	烦躁
Schmidt	2015	试验研究	德国	机场	心血管疾病，睡眠紊乱
Schmidt	2014	系统性综述	丹麦	风力涡轮机	烦躁，睡眠紊乱
Schreckenberg	2013	横断面研究	德国	铁轨	烦躁
Schreckenberg	2016	队列研究	德国	机场	烦躁，睡眠障碍
Schreckenberg	2010	横断面研究	德国	机场	烦躁
Shepherd	2013	横断面研究	新西兰	风力涡轮机，机场	烦躁
Shimoyama	2014	横断面研究	日本	道路交通	烦躁，睡眠障碍
Silva	2016	横断面研究	巴西	机场	烦躁
Tainio	2015	横断面研究	波兰	道路交通	烦躁
Tobollik	2019	横断面研究	德国	道路，铁轨，机场	睡眠障碍，烦躁，心血管疾病
Trieu	2019	横断面研究	日本	机场	睡眠障碍，烦躁，心血管疾病
Wothge	2017	横断面研究	德国	道路，铁轨，机场	烦躁
Yano	2013	横断面研究	日本	风力涡轮机	烦躁

城市绿地中的植被具有显著的降噪作用，绿地格局与城市结构、交通噪声水平以及其他形态参数有关，其中植被的降噪量与其覆盖率呈显著正相关，降噪量与树冠分叉高度相关，与植物高度、胸径或冠宽之间没有显著的相关性。绿篱、乔灌木与草坪相结合的复层配置形式构成紧密的绿带降低噪声能力较强，平均可降噪5dB，高者可达10～12dB，而且草坪的降噪效果也较显著。而在垂直绿化系统中，蛇舌草（hedera helix）吸声性能最佳，其基质、叶片特性和叶面积是植物吸声的主要因素。

第四节 城市绿地生态系统服务评估方法

国内外学术热点聚焦于ESs全面综合评估，其中评估方法的改进及评估模型的构建为主要方面之一。其中，绿地ESs的指标评估方法旨在探索ESs的产生过程与变化、各项服务之间的关系及驱动因素，以及不同情景模拟下服务指标之间的区别和权衡，需要集合调查、统计和模拟等多元的研究方法，可主要归纳为计量分析、模拟模型和专家访谈与公共参与。

一、计量分析

ESs的价值估算通常结合计量经济模型进行，采用综合方法对多指标进行测算，评估生态环境质量变化的经济效益增长（或损失），常用于ESs价值量评估的经济模型有市场价值法、显示性偏好法和陈述性偏好法等。

市场价值法，指采用指标计算方法进行建设项目的环境经济效益分析，将项目对环境产生的效益分解成环保费用、污染损失和生态环境效益等指标，来量化计算生态环境质量变化带来的经济效益（损失）。目前，评价ESs功能大多采用实际市场法、替代市场法和模拟市场法等。实际市场法是对具有实际市场价格的生态系统产品和服务功能，以其市场价格作为其的ESs价值，其常用方法有市场价值法和费用支出法。替代市场法是指生态系统中有些服务功能没有直接的市场交易和市场价格，不能使用实际市场法进行评估，但可以通过估算其替代物的价值间接评估这些ESs功能价值。模拟市场法是对既没有市场交易和实际市场价格，又无替代物的服务功能，只有人为的模拟市场来衡量其ESs价值，其评价方法有条件价值法。近几年提出了空间—能值分析法，但此方法的理论和模型还不成熟。一般在选择评价方法时，首选实际市场法，当缺少某些条件时采用替代市场法，最后才是模拟市场法。例如，碳排放是量化环境变换对生态系统服务价值影响的主要指标之一，市场价值法、影子工程法可有效评估碳排放效益，如利用市场价值法构建区域水平人工造林固碳效应价值量评价模型，评价主要林分类型的固碳效应。

影子工程法（替代工程），是将一个新的ESs功能替代原本的生态功能，在假设的情景之中，生态环境遭到破坏以后，对建造新的生态工程需要产生的费用进行估算，等同于原有ESs价值。生态系统的洪水调蓄价值是湿地生态系统的蓄水防洪价值，通常采用影子工程法核算，生态系统水质净化价值也可采用影子工程法核算，如用建立污水处理厂的价格来评估生态系统净化水质的价值。此外，在矿山生态恢复与补偿、流域生态资产评估等其他生态经济领域也有应用。

机会成本法，是用环境资源的机会成本来计算环境质量变化带来的经济效益或经济损失的一种方法，指在其他条件相同时，把一定的资源用于某种用途时所放弃的另一用途的效益，或是指在其他条件相同时，利用一定的资源获得某种收入时所放弃的另一种收入。机会成本法确定生态补偿标准的实践较多，并被认为是合理的确定生态补偿标准的方法。运用机会成本法可对生态补偿、土地评估进行氮元素计量分析，如利用机会成本法量化氮磷径流负荷削减所产生的生态效益确定生态补偿阈值。该方法的原理为“选择后放弃的最大收益”，即进行环境保护过程中保护者所放弃的最大利益，目前的研究主要集中于与生态环境关系密切的土地利用上。虽然大量的生态补偿实践对机会成本法确定生态补偿标准的研究进行了很好的讨论，但对机会成本法本身的研究尚存在需要完善的方面：一方面是确定机会成本需要寻找相应的载体，不同载体上的机会成本存在一定差异，如何选取合适载体是解决问题的关键；另一方面是目前利用机会成本法确定生态补偿标准的实践和研究中，基本上考虑的是当期的决策，缺乏对不同时期标准的区分和细化。

二、模型模拟

单纯地对ESs功能总价值进行估算会忽略其空间分布的不均匀性。空间叙述模型可以基于城市土地利用的转变结合环境、社会和生物学的研究方法，从一个地理的视角将生态系统复杂且重叠的信息转化成空间图像，有益于描述和揭示政策及规划层面的问题。其中，基于遥感数据和3S技术支持的ESs功能模型近年来发展迅速，如InVEST模型、ARIES模型、SoiVES模型和i–TREE模型等，可以从空间上直观地表现、模拟和评估不同尺度下多样的服务类型，在评价ESs功能价值及其空间分布时发挥了重要作用，其中比较典型和运用广泛的如MIMES、SolVES、InVEST和i–TREE等。

佛蒙特大学研发了用于不同圈层ESs价值评估的MIMES（Multi–scale Integ–rated Models of Ecosystem Services）模型，可通过模拟未来情景，分析ESs功能的动态变化，为政府部门及有关单位的管理和发展决策提供参考。MIMES模型是在GUMBO（Global Unified Metamodel of the Biosphere）模型基础上建立的，用于动态模拟ESs功能。MIMES模型旨在整合参与性模型构建、数据收集和估算，以促进综合评估中ESs功能使用的研究。此模型考虑时间动态，整合现有生态系统过程模型，并通过输入—输出分析方法从经济上对ESs功能进行估算。

针对CESs的评估，美国地质调查局地球科学和环境变化中心与美国科罗拉多州立大学联合开发了SolVES（Social Values for Ecosystem Services）模型，它由 3 个子模块组成，包括ESs功能社会价值模块、价值制图模块和价值转换制图模块[①]。李晶等运用SolVES模型进行量化，评估区域CESs。同时，公园绿地的ESs文化服务评估也可运用该方法，如严力蛟等通过专家调查法与SolVES模型结合，评估浙江省武义县南部生态公园文化服务功能，为管理决策提供知识和技术支持。以上方法需要大量问卷调查数据，在新研究区应用时耗费时间较长，由于参与者背景的局限性，会产生对服务类型的描述性偏差，但其为ESs功能的量化评估提供了相对质性的思考，在CESs价值、社会价值评估中应用较多。

InVEST（the Integrate Valuation of Ecosystem Services and Tradeoffs Tool）是由美国斯坦福大学联合大自然保护协会，与世界自然基金会联合开发的、基于ESs理论评估自然资本的模型。自2009 ~ 2021年已发布7个版本，是基于土地利用数据对目标区域的淡水生态系统、海洋生态系统和陆地生态系统进行评估，通过模拟预测不同土地利用情景下ESs功能价值量的变化，从而绘制出ESs的空间特征。InVEST适用于全球范围流域或景观尺度上ESs功能的评估，作为一款实用的分析工具，要求用户输入

---

① SHERROUSE B C, SEMMENS D J. Social values for Ecosystem services, version 3.0(SolVES 3.0)— documentation and user manual[R]. Open-File Report 2015-1008, Reston, Virginia: U.S. Geological Survey, 2015.

目标区域的相关数据后进行运算，模型可通过碳储存、生物多样性、授粉和作物产量等模块对城市绿色空间的ESs空间分布特征、经济价值进行评估和预测。蒋卫国等运用InVEST模型分析并预测了城市生态系统变化对碳储存的影响；陈妍等以北京为例，基于InVEST模型展开了土地利用格局变化对区域尺度生境质量的评估。

i-TREE（Tools for Assessing and Managing Forests and Community Trees）是基于较精细的植被数据的评估模型，由美国农业部（United States Department of Agriculture, USDA）下属的美国林务局在2006年开发，被定位为专门针对城市林地体系效益价值研究的模型，并细致地将分析方向归为6类，即行道树、城市林地、水体、社区植被覆盖、树木冠层。i-TREE的应用模型被广泛应用在国内外城市林地的研究中。国际上主要集中在北美国家，如美国、加拿大、墨西哥、波多黎各等，另外在南美和欧洲也有许多国家利用该模型对城市林地进行了详细的效益分析。在国内，张玉阳等（2013）和马宁等（2011）运用i-TREE分别对青岛和沈阳的行道树进行生态效益评估，薛兴燕（2015）和周长威（2012）则对郑州、哈尔滨和长春的城市林地的生态效益进行评价。

当前InVEST和i-TREE被世界各地学者广泛应用。其中，InVEST模型适用于在城市生态系统中的市域至区域尺度，而i-TREE研究区域的大小相对灵活，可适用于小尺度的目标区域，如一个街区、街道或一个场地。但是i-TREE的效益计算是基于树木生长模型结合其他数据模型，如气候区、能源利用方式和所在城市的资源价格等，对数据的精度要求相对较高。模型的大部分参数需基于自开发的数据库，如树种数据库是由美国林务局应用太平洋西南林业实验站依据2002～2004年美国北卡罗来纳城市景观工程管理局的年调查数据而建立，该数据共包含85145棵行道树，涵盖了215类主要树种。尽管目前i-TREE已经丰富其数据库，数据涵盖的国家至加拿大、英国和澳大利亚，且在2016年版本中增加了i-TREE Database模块以方便国际用户的使用，但是国内的相关研究仍对其提供的参数进行纠正后再运用。

三、专家访谈与公众参与

针对CESs功能特性，社会学的相关研究方法被运用于此类功能指标的评估过程中，比较典型的如专家访谈和公众参与调查法，其中，Delphi法也常用来对专家反馈和调查问卷进行分析。专家访谈是指相关领域的专家学者根据自身知识积累对城市绿地的ESs功能赋予权重，公众参与是指基于利益相关者的认知、支付意愿和偏好来研究ESs的需求和供给。Juntti等通过居民访谈探索了英国城市伍德伯里德的ESs功能在城市邻里间的发展和潜力；Dennis等对曼彻斯特的“口袋”公园进行研究，主张运用公众参与的方式对城市绿地的ESs功能进行管理，尤其可从小规模的都市农业着手实践。

四、城市绿地生态系统服务功能集成评估路径

ESs的指标类型、数据类型、方法和空间尺度是城市绿地ESs功能评估的关键。其中，空间格局的尺度依赖性是ESs作为生态系统产物的重要特点。由于城市绿地的类型和尺度的多样，缺乏统一的功能指标和技术路线，导致评估结果精确度仍有待商榷，同时研究结果和城市环境治理与保护相关的政策制定和项目实践的衔接度较低。

城市绿地ESs评估除了受景观生态学概念中的空间尺度（斑块的、地方的、区域的）的影响，也受城市行政区划（分区级、街道级、邻里级和场地级）的影响，且随着目标区域越小对数据的精度要求越高。各项ESs功能对数据精度的响应也有所差别，如在空间模型模拟中碳排放总量的评估对数据精度的敏感度不大，而沉积物沉淀量在不同精度的数据计算下结果相差较大。多样的时间尺度（短期的、季度的、年度的、中期的和长期的）为绿地的ESs功能价值的历史变化、未来预测、模拟和验证等提供支持。国内学者曾先后对北京、广州、西安和郑州等城市绿地ESs功能价值的历史变化进行研究，并证实了时间序列的服务价值研究对城市生态系统修复、城市规划和城区生态多样性策略制定等领域的重大意义。综上所述，如图2–6所示，总结并提出了城市绿地的ESs评估集成框架。基于ESs理论的绿地的评估框架旨在整合多元的数据类型（如激光雷达（LiDAR）数据、高精度遥感数据、谷歌图像等）和研究方法（基于观测数据的统计分析、模拟模型和专家访谈与公众参与），从多时空角度（时间和空间）探索ESs功能价值和空间格局分布特征。

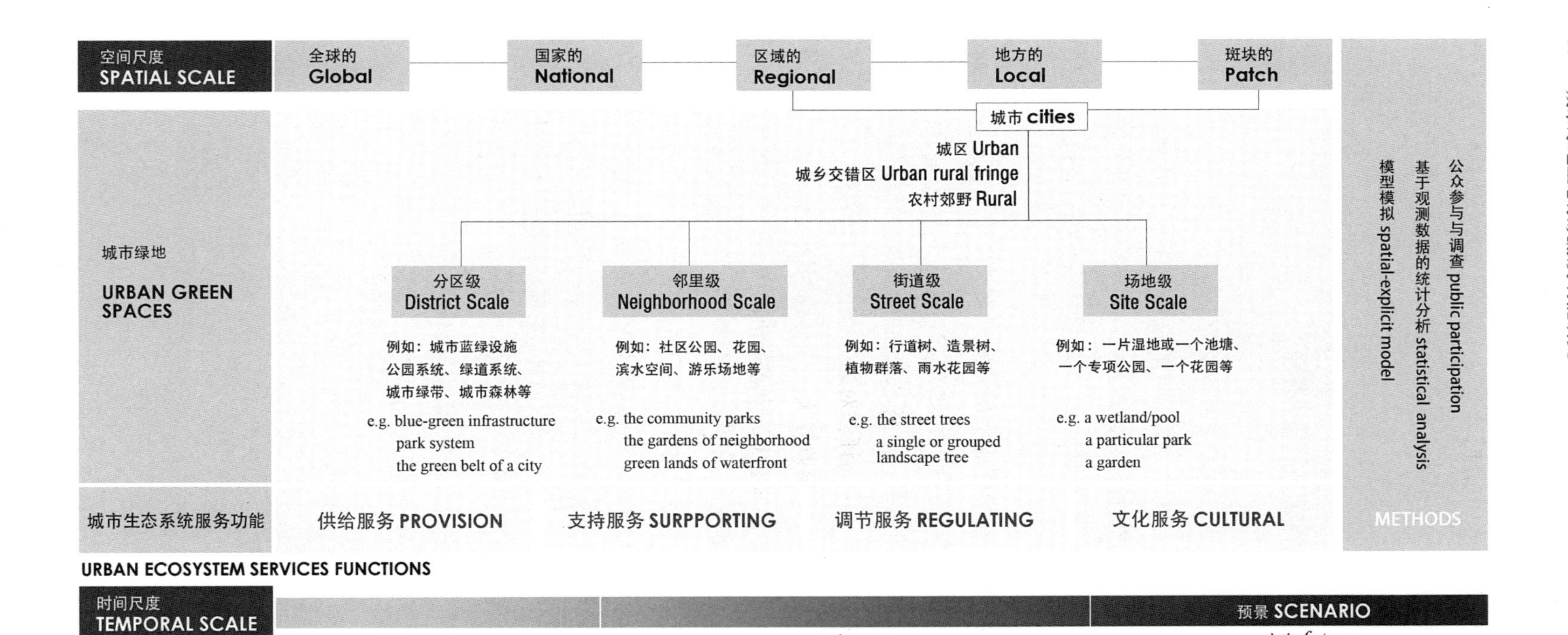

图2-6 城市绿地ESs集成评估框架

第3章 韩国首尔特别市绿地生态系统服务功能评估实证

ECOSYSTEM SERVICES OF URBAN GREEN SPACES

首尔特别市是韩国首都（37°33′N, 126°58′E），位于朝鲜半岛中南部。自20世纪70年代开始，快速的城市化进程使得研究区域内的土地利用类型发生了巨大转变，是导致其生物多样性缺失和生态系统退化的主要动因，多年来，韩国政府和相关学者关注其城市绿地的营建从而修复和加强都市区的ESs功能，以缓解诸多城市环境问题。基于上述的城市绿地ESs功能指标和评估路径的指示，本章以韩国首尔特别市为例，联合实地监测、模型模拟和数理统计等研究方法，分别从“市域级别”“分区级别”和“场地级别”三个空间尺度探究城市绿地的“碳储存”“生物多样性支持”和“微气候调节”的功能特征。

第一节 首尔市绿地碳储存能力及其空间分布特点

气候变化是人类面临的重要环境问题之一，相关研究人员在城市范畴内对绿地的CO_2消减作用多有讨论。绿地作为城区主要的生境类型，为城市提供了一系列ESs，其中，碳储存功能对于缓解城市热岛、调节区域小气候、维持城市碳氧平衡和生态平衡发挥着重要作用。

绿地碳储存能力的探究方法具有尺度差异性。中小尺度的碳储量估算往往通过野外调查和仪器测量完成，如海亚特·欧伯瑞（Hayat Oubrahim）等（2016）通过样方调查和数理统计方法对摩洛哥橡木林的碳储存量进行探究；张景群等（2009）通过乔木样品采集、灌木、草本和地表凋落物调查，以及土壤样采集等实验方式测定了黄土高原刺槐林的碳储存量。大尺度的碳储存量估算对土地利用类型依赖性较大，通常基于遥感平台和模型模拟方法进行测算。由于精细分类的空间数据通常较难获取，已有研究往往粗略地将绿地归纳为几个土地利用类型计算其碳储存量和社会价值，如何春阳等（2016）基于土地利用数据将北京绿地归类农田、林地和草地并运用InVEST模型探究了碳储存量的历史变化特点，虎帅等（2018）基于土地利用数据运用InVEST模型测算了重庆市建设用地扩张进程中的碳储存量变化。然而，鉴于绿地内不同植被群落的碳储存能力也有所差别，精细化分类数据便于分析特定绿地内各类型之间的特点及其生态系统作用。目前也有学者开展相关研究，如佐伊

G.戴维斯（Zoe G. Davies）等（2011）基于对英国莱斯特市城区的植被进行的调查，研究了典型的地面碳储存量和空间模式，发现社区花园与草本植物的碳储存能力相当，其中公共绿地承担了主要的城市碳储存功能；格雷戈里·麦克弗森（E. Gregory McPherson）（1998）量化了美国加利福尼亚州城市林地在抵消人类碳排放方面的效益，并提出了改善这些效益的城市林地管理指南。然而，相关研究成果非常有限，仍需对不同地域及不同用地类型的案例进行探索。

因此，本部分研究基于韩国首尔市2005年和2015年高精度生境分类数据，尝试运用遥感工具和InVEST模型中的碳储存模块，探索城市绿地内部的碳储存能力变化及其空间分布特点。研究包括三个部分：①识别和归类首尔市现有绿地生境类型；②评估2005～2015年各类绿地碳储存量及相关变化；③探究碳储存量热点的空间分布特征。

一、基于 InVEST 模型的碳储存评估方法

首尔特别市总面积605.18km^2（图3-1），属温带季风气候，年平均气温12.5℃，年均降水1451mm[①]。自20世纪70年代开始，快速的城市化进程使得研究区域内的土地利用类型发生了巨大转变，自然栖息地的减少和城市生物多样性缺失是导致首尔市“热岛”形成的关键动因。为此，首尔市政府从1996年起致力于保护城市生态系统，试图通过恢复遭到破坏的自然生境来修复和加强其ESs功能，从而缓解诸多城市环境问题。

本研究数据和来源：①首尔行政边界数据源自韩国政府平台；②2005年和2015年生境空间数据（Biotop Map）由首尔市政府结合高精度遥感图像和野外调查电子化后在线发布，数据精度为5m；③模型模拟所用的碳密度数据参考前人文献并结合InVEST手册提供的参考表确定。

1. 绿地生境识别与分类

首尔市政府建立的地理信息系统平台每年就植被群落、土地利用等调查信息进行等级指标统计后以地图形式发布。通过ArcGIS工具整合原始数据，根据本书研究目的重新选择和归纳绿地的生境类型，最终归纳了景观绿化植栽（landscape plantation）、其他林地（other forests）、农田（agriculture）、草地（grasslands）、黑桦林（black birch forest）、赤杨林（alder grove）、鹅耳枥林（carpinus turczaninowii

① 韩国气象厅Korea Meteorological Administration. [EB/OL]. 2018. http://www.kma.go.kr.

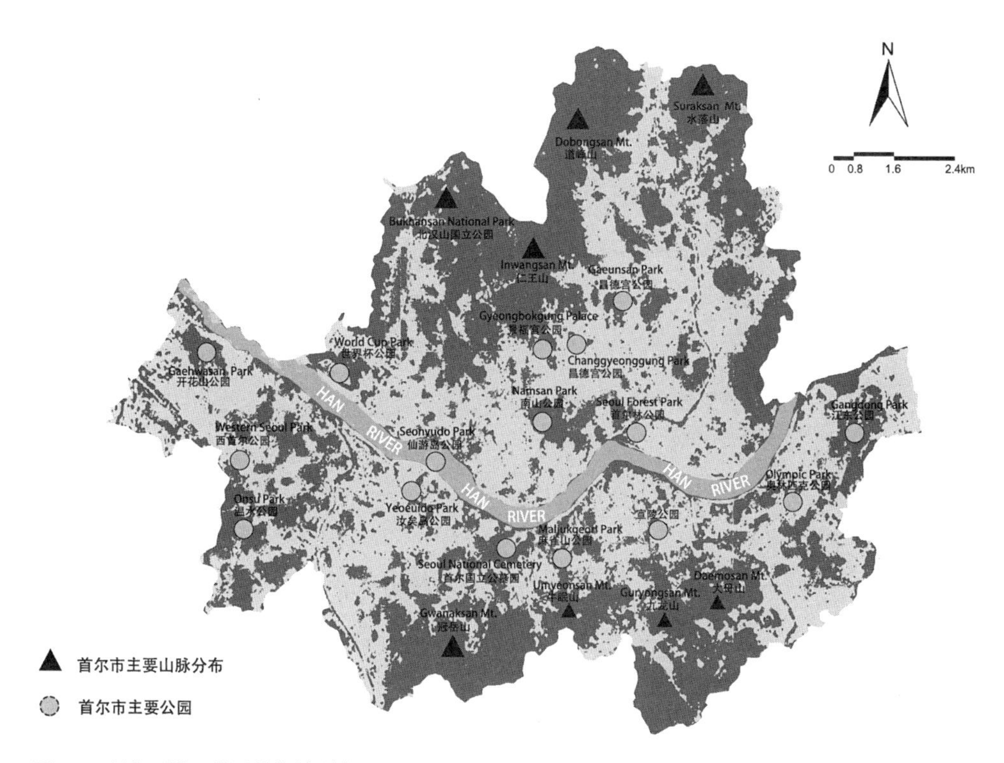

图3-1　研究区域：韩国首尔特别市

forest）、日本落叶松林（japanese larch forest）、栗树林（chestnut forest）、臭椿林（ailanthus altissima forest）、毛叶胡杨林（populus tomentiglandulosa forest）、赤松林（red pine forest）、刚松林（pinus rigida forest）、毛赤杨林（alnus sibirica forest）、油松林（pinus tabuliformis forest）、刺槐林（locust forest）、栎树林（oaks forest）17个分类，如图3-2所示。

2．碳储存空间模型模拟

InVEST模型的碳储存模块可基于土地下垫面信息估算出地上、地下、土壤内和死亡有机物的总碳储存量。地上部分碳密度，特指地表以上所有存活的植物材料单位面积上碳储存量的平均值，如树皮、树干、树枝和树叶；地下部分碳密度，特指地表以下植物活根系统的单位面积上碳储存量的平均值；土壤碳密度，矿质土壤和有机土壤单位面积上碳储存量的平均值；死亡有机物碳密度，包括凋落物和已死亡的地面留存树木等单位面积上碳储存量的平均值，其总碳储存模块计算如下：

$$C = C_{above} + C_{below} + C_{soil} + C_{dead} \tag{3-1}$$

式中，C表示碳总储存量（t）；C_{above}表示地上部分碳储存量；C_{below}表示地下部分碳

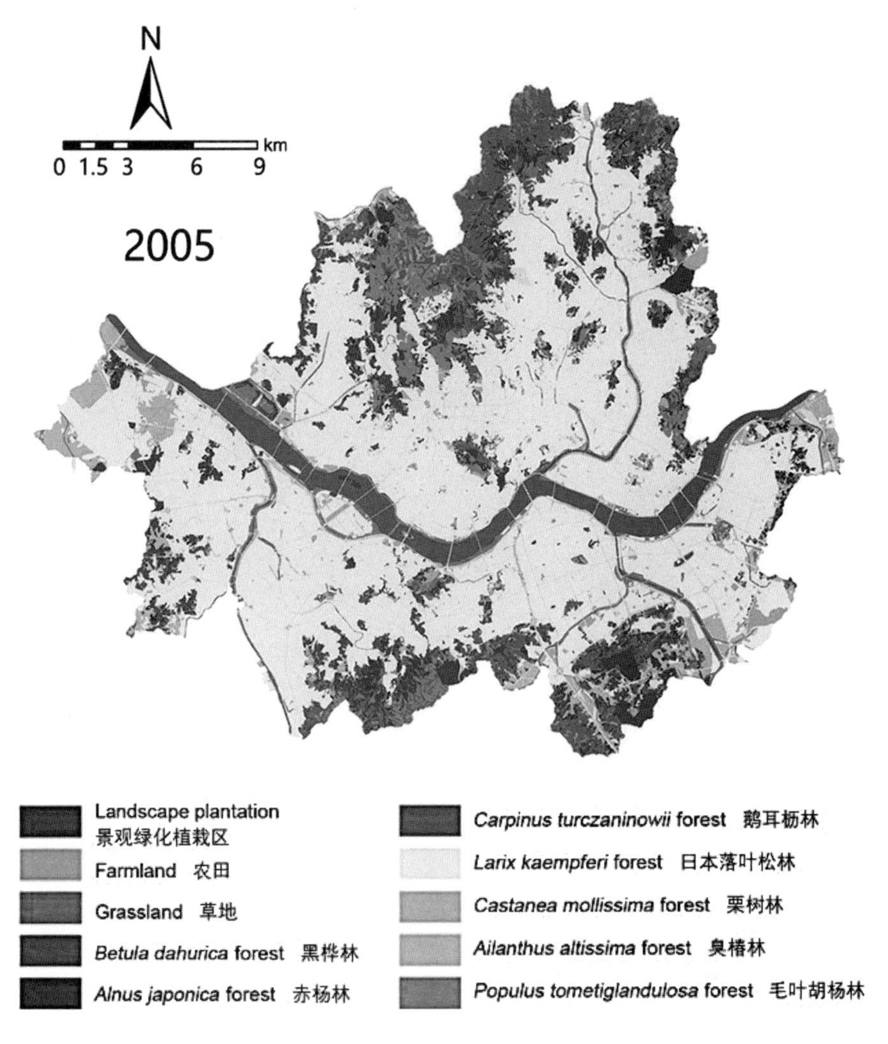

图3-2 首尔市域生境类型图

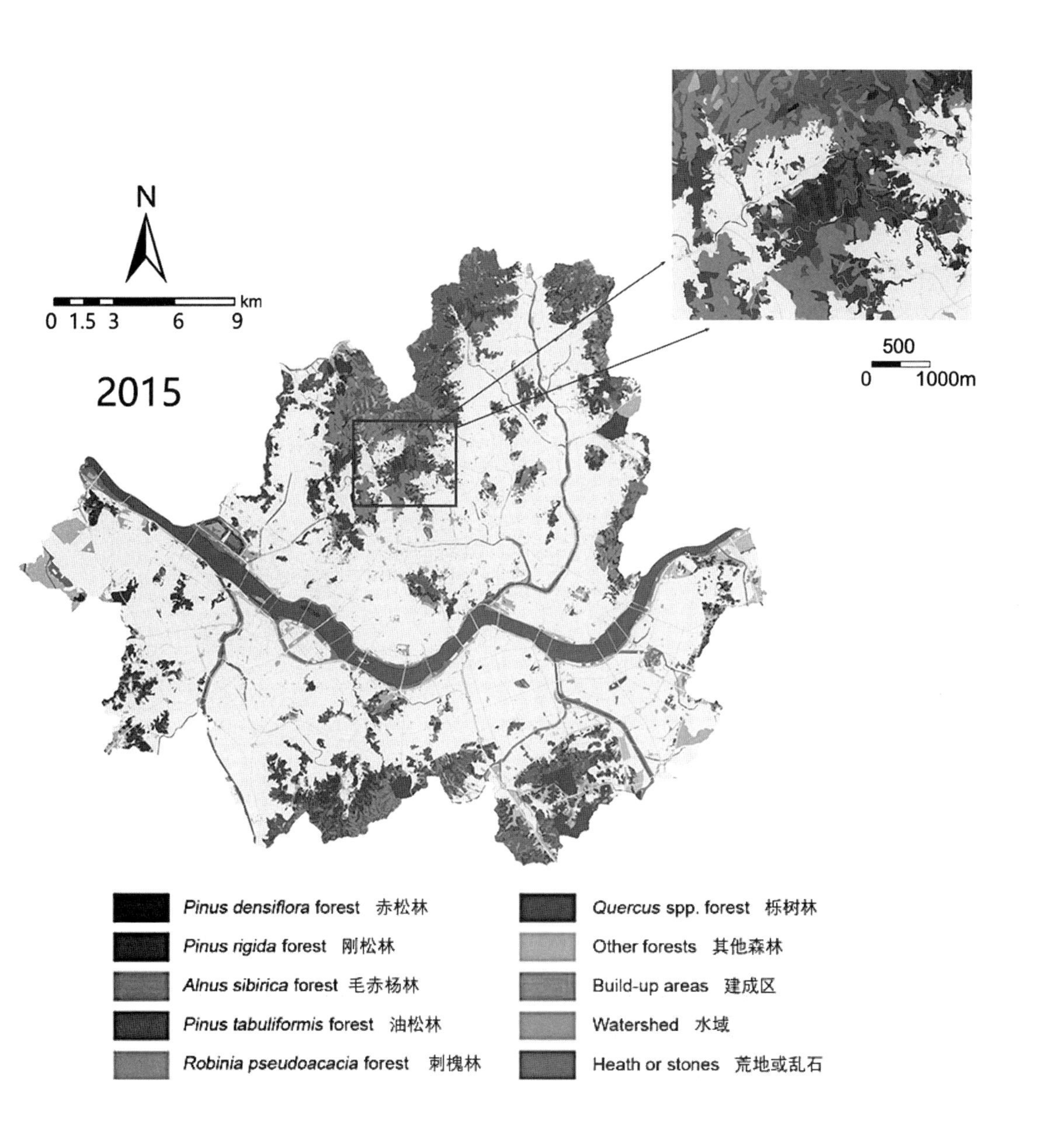
N
km
0 1.5 3 6 9
2015
500
0 1000m
Pinus densiflora forest 赤松林
Pinus rigida forest 刚松林
Alnus sibirica forest 毛赤杨林
Pinus tabuliformis forest 油松林
Robinia pseudoacacia forest 刺槐林
Quercus spp. forest 栎树林
Other forests 其他森林
Build-up areas 建成区
Watershed 水域
Heath or stones 荒地或乱石

储存量；C_{soil}表示土壤部分碳储存量；C_{dead}表示死亡有机质碳储存量。由于较难获取首尔地区全部绿地类型的碳密度数据，本研究使用的碳密度数据由已经公开发表的国际文献中相似群落类型的碳密度数据，结合InVEST手册提供的碳密度参考表共同确定[①]，其中未能获取的碳库默认值为0，最后InVEST模型可输出碳储存空间分布图。

3．局部自相关分析方法——热点分析

通过将InVEST模型输出的碳储存空间分布图在ArcGIS平台上进行热点分析，可以探究绿地类型的碳储存高值和低值在空间上发生聚类的位置。热点分析是针对一定范围内的所有要素，计算每个要素的Getis-Ord统计值，如果一个位置同时满足要素值为高值且被同样高值的要素包围，则该位置可以成为统计学上的显著性热点，Getis-Ord运算方式如下：

$$G_i^* = \frac{\sum_{j=1}^{n} w_{i,j} x_j - \overline{X} \sum_{j=1}^{n} w_{i,j}}{S \sqrt{\frac{n \sum_{j=1}^{n} w_{i,j}^2 - \left(\sum_{j=1}^{n} w_{i,j} \right)^2}{n-1}}} \tag{3-2}$$

式中，w_{ij}为要素i和j之间的空间权重，

n为样本点总数，

$\overline{X}$为均差，

S为标准差，

G_i^*的统计结果是样本点的得分结果。

统计学的显著性正得分表示为热点，得分越高表明热点聚集越紧密；反之，负值表示冷点，得分越低表示冷点聚集越紧密。

二、首尔市 2005 年与 2015 年绿地碳储存量变化

2005～2015年，首尔市区各绿地生境类型之间的面积变化呈现典型的城市化进

① SHARP R, CHAPLIN-KRAMER R., WOOD S., Guerry A., Tallis H. & Ricketts T. InVEST user's guide. Natural Capital Project, Stanford Uiversity. Retrieved from http://data.naturalcapitalproject.org/nightly-build/invest-users-guide/html/

程中的生境置换特点，总体绿地减少了1582.75hm^2，其中农田锐减48.78%，多转换为建设用地，同时景观绿化植栽林增加了26.81%，其他自然群落均有小幅度减少。栎树林是区域内的优势群落类型，总比例在两个年份分别为25.86%（2005年）和27.25%（2015年），其次为刺槐林、赤松林等（表3–1，图3–3）。

2005 年和 2015 年不同绿地类型面积变化　　表 3–1

编号	名称	面积（2005）（hm^2）	面积（2015）（hm^2）
1	景观绿化植栽	2383.10	3021.93
2	其他林地	1264.93	1197.02
3	黑桦林	17.70	16.49
4	赤杨林	14.21	13.78
5	鹅耳枥林	7.05	65.53
6	日本落叶松林	42.87	44.91
7	栗树林	214.75	188.45
8	臭椿林	20.11	21.19
9	毛叶胡杨林	378.46	300.97
10	赤松林	1976.49	1900.94
11	刚松林	1384.63	1332.89
12	毛赤杨林	62.03	51.40
13	油松林	267.53	252.30
14	刺槐林	3435.31	3082.87
15	栎树林	5550.71	5418.03
16	农田	2984.51	1528.79
17	草地	1462.34	1446.51
总计		21466.74	19883.99

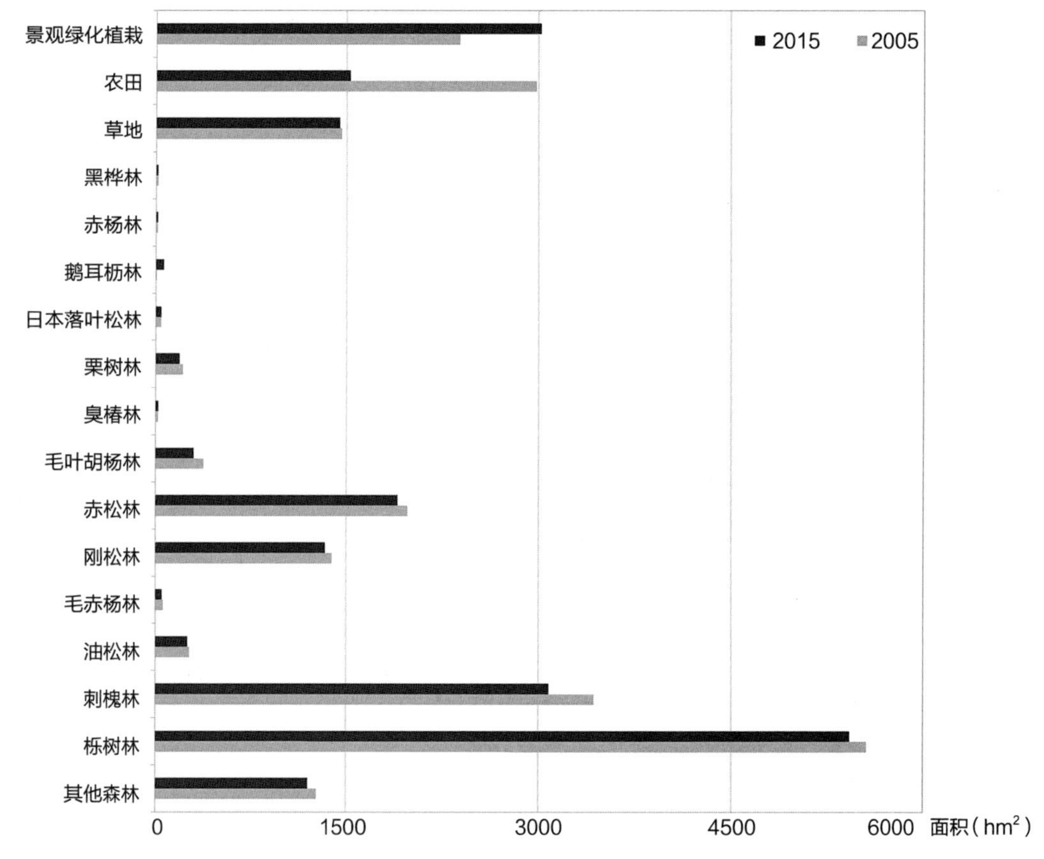

图3-3 2005～2015年不同绿地类型面积变化

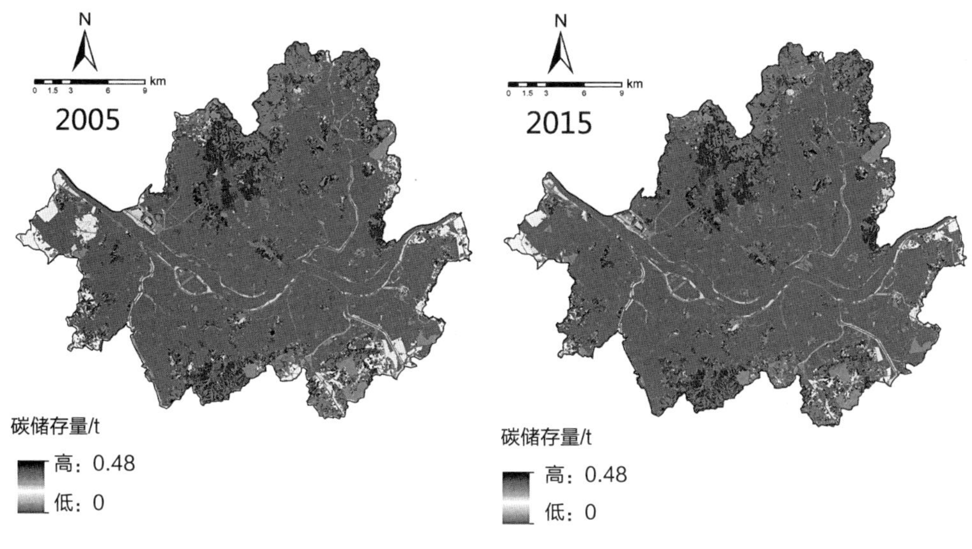

图3-4　碳储存空间分布图

由InVEST模型计算后可得出2005年和2015年的碳储存总量数据与碳储存量分布图（图3-4）。其中，2005年首尔市绿地碳储存总量为263.64万t，2015年下降至242.55万t。总碳储存量的下降可归咎于建设用地增加以及绿地的减少，尽管通过增加人为的景观绿化植栽林可作为自然栖息地缺失的弥补，但是其碳储存能力与自然林相比较低。两个年份的栅格单元（5m×5m）碳储存量最大值约为0.48t，最小值约为0.05t，且碳储存量最大的地区均分布在首尔市南、北部的边缘地带，区域内部散布的孤岛状绿地也包含了碳储存量较大的群落类型。这一空间特征与城市地形密切相关，由于这些区域遍布山脉，山地较大的坡度限制了部分建造活动，使得碳储存量较大的群落类型得以保留。

三、首尔市绿地碳储存量分布热点特征

热点分析能够很好地发现空间自相关性区域的聚集特征，运用热点分析法计算局部空间的自相关性，可以探究碳储存热点区域。结果表明：①首尔市2005年48.2%的绿地属于需要被保护的热点区域，至2015年热点区域上升至57.2%（表3-2）；②市内存在4个较大的独立热点地带（图3-1，图3-5），主要集中在冠岳山（Gwanaksan Mt.）、九龙山（Guryongsan Mt.）、北汉山（Bukhansan Mt.）、水落山（Suraksan Mt.）等首尔边缘山区，这些区域内植被群落类别丰富且含有碳储存能力较高的植被类型，如赤松林、栎树林和毛叶胡杨林等；③强热点区域至2015年相

较于2005年的36.5%略降至36.1%，但是北汉山区域的弱热点区域增加较多（表3-2，图3-5）；④多个冷点聚类区域散布在汉江南、北两侧高密度建设地带，多为城市公园（图3-1，图3-5），如世界杯公园（World Cup Park）、汝矣岛（Yeoeuido Park）和奥林匹克公园（Olympic Park）等，这些区域内分布较多的景观绿化植栽类型，其中高碳储存能力植被群落数量较少；⑤其余绿地区域内的碳储存密度高值与低值之间空间自相关性弱，显示随机分布的特点。

结合全局热点分析可以得出，各绿地类型的碳储存能力在首尔市区内显示“冷热不均”的空间特征。其中，热点区域可视为碳储存的重点保护区域，冷点区域的群落空间配置未表现出最优的生态功能，有待修复和优化。

2005年和2015年首尔市绿地碳储存能力空间分布热点　　表3-2

级别	2005年		2015年	
	面积（hm^2）	比例（%）	面积（hm^2）	比例（%）
弱热点（置信度90%）	999.6918	4.6	653.744	3.3
中强热点2（置信度95%）	1530.9865	7.1	3543.3469	17.8
强热点3（置信度99%）	7830.3065	36.5	7178.9165	36.1
总计	10360.98	48.2	11376.01	57.2

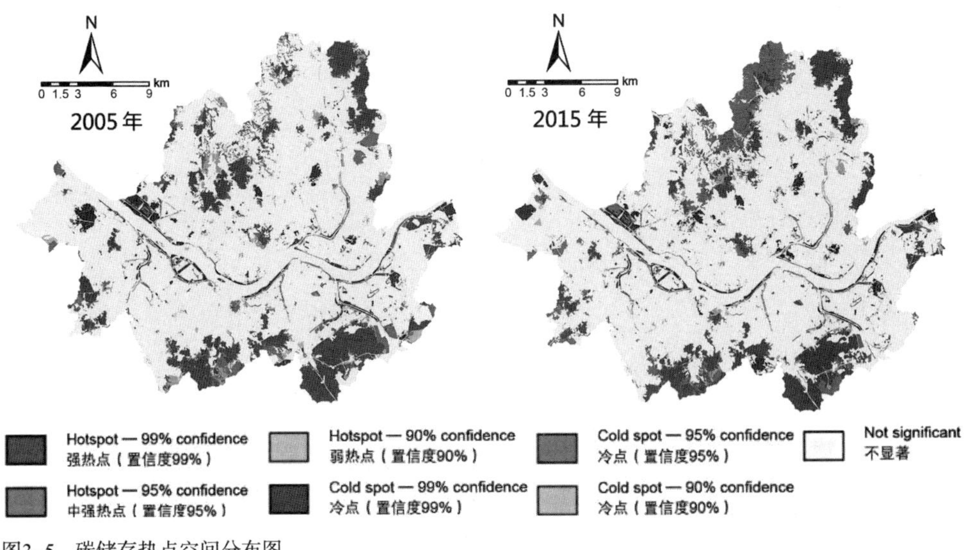

图3-5　碳储存热点空间分布图

四、小结

CO_2作为重要的温室气体，是气候变化的主要动因，因而城市绿地捕获和储存大气碳的潜力十分重要。本节以韩国首尔市域为例，基于官方提供的高精度生境数据分析了其十年间多种城市绿地类型的碳储存能力变化及空间分布特点。

以上研究表明，相较于人工建造绿地，自然/半自然的绿地碳储存能力较高，因此城市发展过程中对此类绿地的保护和修复应予以高度重视。同时，人工建造绿地作为自然绿地的补充也发挥了其重要的生态系统作用。

城市化进程中碳足迹的增加，以及吸纳其产生的CO_2所需自然栖息地数量的减少已成为生态赤字和城市环境问题的主要原因。城市绿地作为主要的生境类型，是维持城市生物多样性和ESs功能的重要载体，而运用遥感工具、模型模拟、空间分析等技术手段对绿地ESs进行评估是规划管理实践的基础。根据研究结果，提出以下建议。

首先，加强对绿地ESs功能的重视。本研究以碳储存指标为例，在对首尔市绿地碳储存能力进行评估后发现，2005～2015年绿地面积及其碳储存量呈下降趋势，这主要是由于建设用地造成自然林地的片段化。当前首尔市政府制定的绿地政策主要侧重于增加其空间数量，提升其空间质量，并强调增强绿地ESs功能是应对气候变化和打造低碳社会的重点。绿地的植被群落特征和空间分布决定了城市区域碳储存量的均衡性。因此，保护绿地内固碳能力较强的植被类型并优化此类植被的空间布局，对稳固城市用地固碳能力及减少碳储量的损失有重要意义。

其次，优化城市绿地修复保护与绿色基础设施规划策略。尽管城市绿地对大气碳减排的贡献有限，但与发展替代能源相比，高效的城市绿地规划和管理策略可作为减缓气候变化、节约环保成本的有效方法之一，如发掘和利用潜在种植空间，改善城市硬质地表；在保持多龄乔木结构的同时，提升乔灌草集合的多层种植方式，从而增加单位面积的碳储存量并优化其碳储存能力。

本研究不仅可为首尔区域及其他类似区域的生态保护实践和可持续土地规划与管理提供科学依据，也为我国城市ESs功能评估和绿地更新策略的制定提供了方法借鉴。基于官方数据库平台的研究相比于传统的基于实地测量方法能够快速便捷地计算城市绿地固碳量及其定量系统转变，也可衔接不同尺度评估的结果。此类数据平台的建立需要政府行为推动建立，首尔全球领先的数字化城市，其城市数据的采集、发布和管理方式值得我国借鉴。

第二节　首尔市七区新发展林地景观格局对历史残存生境质量的影响

广泛而快速的城市化引起大量的土地利用变化，从而导致ESs功能退化和生物多样性的丧失。其中，林地砍伐和生境破碎化是影响ESs功能的主要动因。土地利用致使自然生境的破碎化加剧，造成城市中产生了小而孤立的自然残存斑块。这些残存生境通常作为城市绿地的一部分，提供了一系列直接的或间接的ESs功能，如空气净化、碳储存、水土保持和生物多样性维持等。尤其是年份较早的残存生境能够更好地支持生物多样性（如物种丰富度和均匀度），并且相对于新发展的生境，具有较少的入侵物种。此外，在生存条件变得不利之后，许多长寿植物或具有某些生活史特征的植物甚至在很长一段时间内不会受到影响。例如，应对显著增加的城市温度和热胁迫，普遍认为与成熟树木相比，具有特定温度和湿度要求的幼树和树种的敏感性才是城市林地易受气候变化影响要解决的核心问题。

生境提供的ESs的数量和质量可因景观空间格局的变化而改变。生境斑块的大小和形状是生物多样性最重要的决定性因素。例如，木本植物的演替在小的斑块中进行更慢。此外，景观的空间配置对生境间的间接或交互影响至关重要，在某些情况下，景观的空间配置会积极影响ESs供给，如当自然生境的分布更加分散时，农田的授粉功能会潜在增加。城市化过程中，关于景观格局影响的大部分研究都集中在林地茂密的地区。然而，对于景观格局对城市地区ESs配置影响的理解仍然有限。很少有研究将“历史残存林地”（Historical Forest Remnants, HFRs）与新发展生境区分开来，所以目前还不了解根据当前生境的空间配置，HFRs是如何提供ESs功能的。HFRs已经在一些城市环境中进行了研究。例如，拉马略（Ramalho）等（2014）发现，在快速扩张的澳大利亚珀斯市（Perth, Australia），大型HFRs中的木本物种丰富度更高；弗伊（Fahey）等（2017）发现，美国芝加哥（Chicago, United States）大都市区的HFRs中的树冠覆盖率、基底面积和当地本土动植物的支配地位更高。本节探讨了快速城市化地区城市林地范围的变化，并且在以物种生境供应和质量为代表的ESs中，模拟了HFRs在人类主导的现代化景观中产生的ESs作用。

研究区域选取韩国首尔特别市南部的7个行政区。此区在城市化过程中，林地被分割为成百上千个斑块，这些斑块构成了当前城市建成区中的绿色“岛屿”。连续的历史图像有助于确定城市树冠覆盖率与残存林地或人工林有关。首先对比1972年和2015年两个时期的数据来识别HFRs，然后分别使用Fragstate工具和InVEST模型软件对景观格局指数和生境质量（Habitat Quality, HQ）进行模拟。HQ模块可以为一般陆地生物多样性的目标保护对象绘制HQ图。本研究要达到的四个目标为：①对1972～2015年首尔城市化过程中的景观格局指标和林地的HQ的变化进行分析；②识别HFRs并对其HQ进行模拟；③探讨新发展林地景观格局指标对HFRs的HQ的影响；④探讨对城市林地保护规划设计策略的启示。

一、首尔市七区历史林地残存斑块识别

首尔市以其林地和山地景观而闻名，但自20世纪60年代以来，城市的快速发展使自然景观严重退化。首尔都市区和周边地区仍被林地覆盖的山地景观所包围，一些零碎的林地残存斑块散落在市区内。本研究调查了首尔南部从20世纪70年代至90年代快速发展的一个区域，面积约204km^2，包括7个行政区［图3-6（a）］。该区南部与大量的山林地接壤，北部与汉江相接。除了林地覆盖的山脉外，城市边界内通常是破碎的和相互孤立的林地斑块。

本研究使用了1972年和2015年的土地利用和土地覆盖（Land Cover and Land Use，LULC）数据，由5m分辨率的历史航拍照片解译后生成。首先，将1972年的纸质地图数字化，2015年的地图由首尔市政府提供。然后使用ArcGIS软件将不同地图上LULC中类型整合和标准化，并转化为一个通用分类。最后，创建了12个LULC类型［图3-6（b）、图3-6（c），表3-3］。林地生境被定义为树木或其他林地植被覆盖的土地。随后使用1972年和2015年的林地数据，并参考1985年、1995年、2000年和

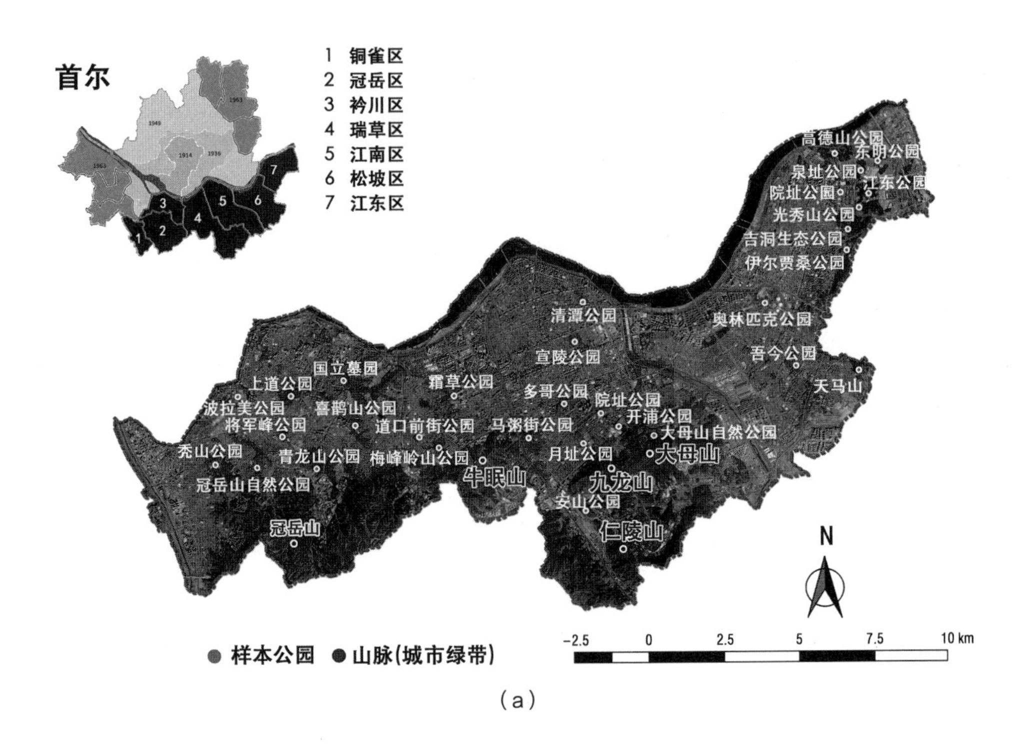

(a)

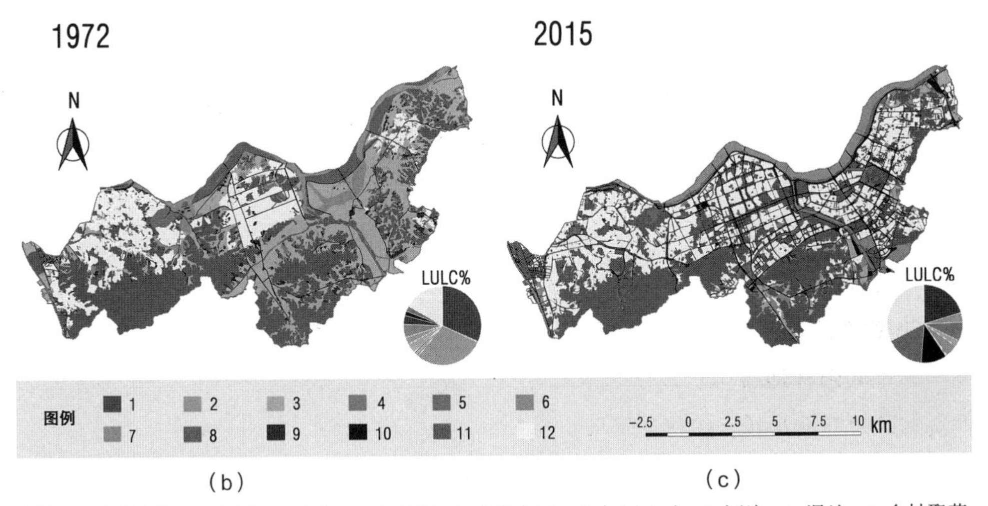

(b)　　　　　　　　　　　　　　(c)

图例：1 城市林地；2 牧场；3 农业区；4 果园；5 规划绿地；6 闲置土地；7 河流；8 湿地；9 乡村聚落；10 交通；11 服务业和基础设施；12 城市居民区

(a) 研究区域由首尔7个区组成。(b) 和 (c) 显示1972年和2015年的土地利用分类和土地覆盖分类。

图3-6　研究区域、土地覆被与利用图

分析中使用的LULC分类 表3-3

序号	土地覆盖分类	类型描述
1	城市林地	剩余天然林（落叶林、针叶林）和人工林地
2	牧场①	天然草地
3	农业区	耕地、开阔的农田、农作物或稻田
4	果园	果树
5	景观绿化植栽②	规划的草地、无树木或树木稀疏分布的空地，如公园和娱乐中心、高尔夫球场和墓地
6	闲置空地	新开发的住宅区、商业区或在施工时已清理干净，不含树木覆盖物的道路
7	河流	溪流、游泳池和运河
8	湿地	城市公园中的河岸种植区、游泳池或湖泊
9	乡村聚落	历史乡村村落，具有非正式特征的都市村落
10	交通	道路、大型/公共停车场
11	服务业和基础设施	商业和工业区，或公共设施
12	城市居住区	住房点、定居点和城市蔓延区

注：① LULC类型只在1972年出现；

② LULC类型只在2015年出现。

2010年的历史林地数据（也由首尔市政府提供）进行HFRs的识别（图3-7）。

在分析空间特征时确定以下定义：1972年林地代表城市化前的原始林地；2015年林地代表快速城市化后的林地覆盖，由HFRs及新发展生境构成（表3-4）。通过比较两张地图确定HFRs，共得到581个残存斑块［图3-8（a）］，其中确定了114个“孤岛状”HFRs斑块。移除穿过研究区域行政边界的斑块［图3-8（b）］，随后在选出的114个HFRs斑块中选取面积超过1hm^{2}且当下作为公园使用的37个样本作为本研究的分析对象［图3-8（c），表3-5］。最后，根据研究区域的斑块大小分布和城市生物多样性的最低生境面积要求，将37个样本斑块按面积分为三类：<5hm^2，5～20hm^2，>20hm^2。

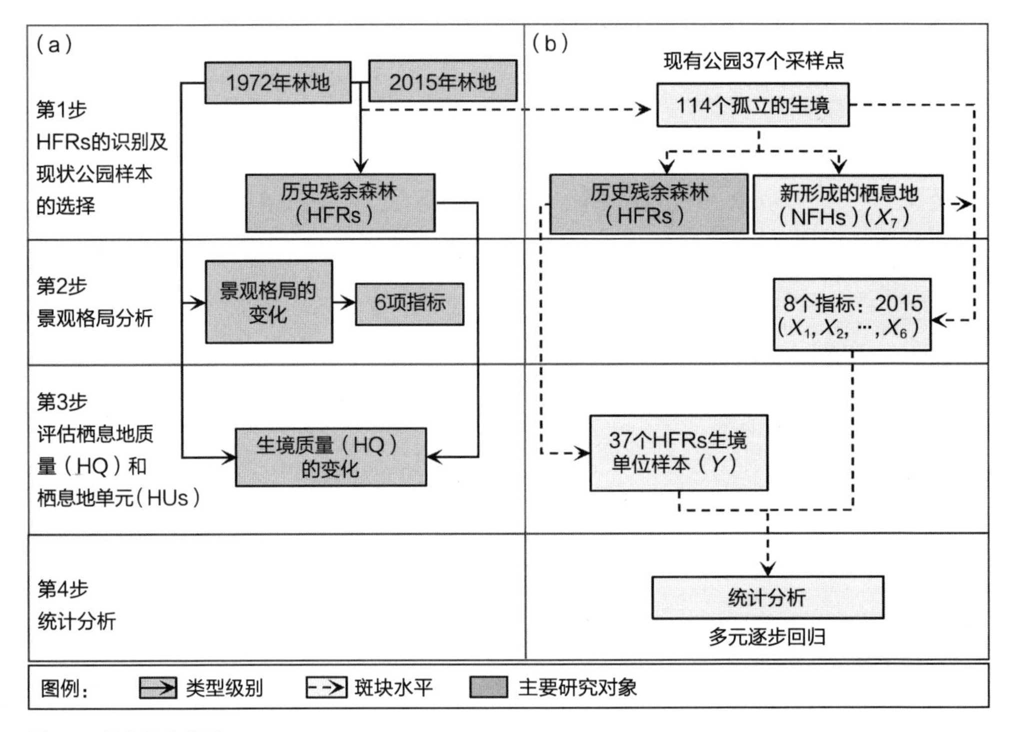

图3-7 整体研究路线

本研究中使用的术语定义 表 3-4

定义术语	参考资料	描述
1972年林地	1972	1972年的林地生境，在这个时候大多数林地地区并没有被城市建成区分割开来
历史残存林地(HFRs)	1972，1985，2000，2015	在1972年已经存在并且在2000年和2015年仍然存在的林地面积
新发展生境	2015	设计、规划或建造的绿地生境，可为林地、草地等多种类型
2015年林地	2015	2015年的林地生境，包括历史残存林地（HFRs）和新发展生境；这些历史残存林地中有一部分当前被建设为公园

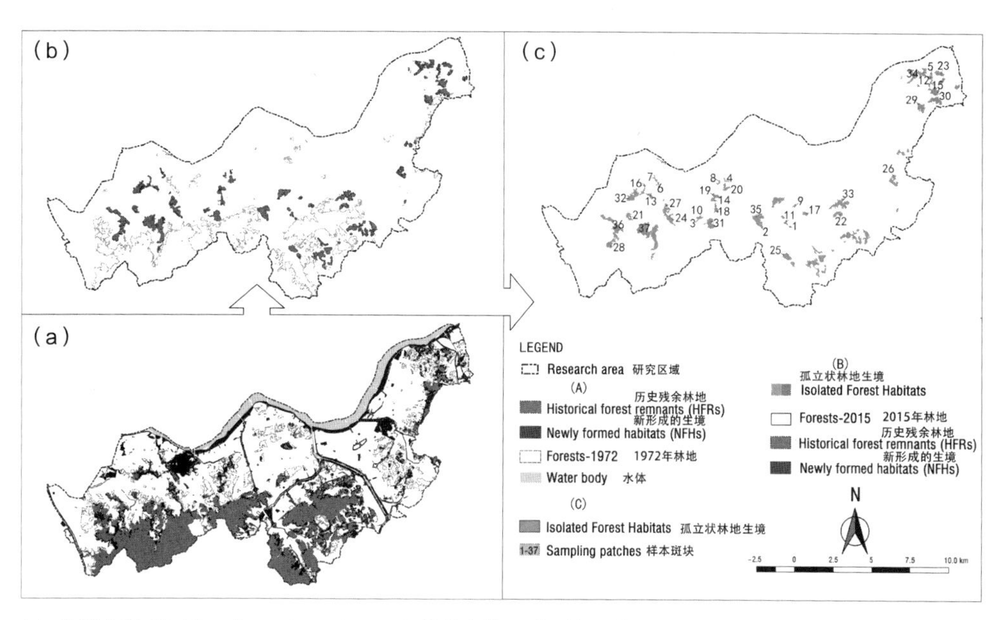

（a）生境分类（包括581个HFRs）；（b）2015年林地中的114个孤立斑块；（c）从现有公园中的114个孤立斑块中选择37个取样斑块

图3-8　样本选择图

2015 年在现有公园的孤立林地生境中选取了 37 个 HFRs 样本　表 3-5

序号	名称	序号	名称	序号	名称	序号	名称
25	安山（Ansan Mountain）	34	高德山（Godeokssan Mountain）	21	将军峰公园（Janggunbong Park）	5，12，15	泉址公园（Saemteo Park）
37	清龙山（Cheongn-yongsan Mountain）	28，36	冠岳山自然公园（Gwanaksan Natural Park）	24，27	喜鹊山公园（Kkachisan Park）	6，7	塞达尔山植物园（Seodalsan arboretum）
1，11	月址公园（Dalteo Park）	29	吉洞生态公园（Gildong Ecological Park）	31	梅峰岭山（Maebongjae-san Mountain）	4，8，14，18，19，20	霜草公园（Seoripul Park）

续表

序号	名称	序号	名称	序号	名称	序号	名称
3，10	道口前街公园（Dogumeori Park）	17	开浦公园（Gaepo Park）	2，35	马粥街公园（Maljukgeori Park）	9	院址公园（Wonteo Park）
22	大母山自然公园（Daemosan Natural Park）	33	光秀山（Gwangsusan Mountain）	26	吾今公园（Ogeum Park）	—	—
23	东明公园（Dongmyeong Park）	30	江东公园（Gangdong Park）	13，16，32	上道公园（Sangdo Park）	—	—

二、林地景观格局破碎化特征

根据景观单元本身以及组成景观的斑块和基质的空间关系，可以使用统计方法量化景观格局特征，从而描述林地由于人为干扰而发生的碎片化的几个方面。利用FRAGSTATS 4.2.1版，选择了类型级别和斑块级别的林地格局指标来描述1972年和2015年的景观结构和格局。

Fragstats软件提供了大量的空间指标可分为面积、边缘指标、形状指标和聚集指标三大类；本研究选择了这三类指标的一个子集（表3–6）。在类型级别中，选择1972年和2015年林地数据集的总面积（TA）、总边缘（TE）、斑块数量（NP）、大斑块指数（LPI）、斑块密度（PD）和平均斑块大小（MEAN）来判断林地片段化特征。在2015年林地的斑块级别中，选择总面积（AREA）、周长（PERIM）、回转半径（GYRATE）、形状指数（SHAPE）、周长面积比（PARA）、连续性指数（CONTIG）、形状分维指数（FRAC）和欧几里得邻近距离（ENN）指标进行计算。随后，将37个样本的结果进行进一步统计分析。

首尔市南部区域的城市化导致了景观格局的严重变化，同时自然生境高度破碎化。以天然林地为主的景观大多转化为城市化的LULC类型。总的来说，总面积

在（a）类型水平和（b）斑块水平上考察的景观指标　　表 3-6

日期	缩写	景观指标	单位	描述
（a）1971~2015	CA（total area）	总面积	hm^2	林地景观面积
	NumP（number of patches）	斑块数量	无	景观类型的空间破碎化程度，复杂性
	TE（total edge）	总边缘	m	包括相应斑块类型的所有边缘部分的长度（m）之和
	MEAN（mean patch size）	平均斑块大小	m^2	林地的平均斑块大小
	PD（patch density）	斑块密度	每 $100hm^2$ 的数量	相应斑块类型的斑块数量除以总景观面积（m^2），乘以10000和100（换算成 $100hm^2$）
	LPI（largest patch index）	最大斑块指数	%	最大斑块所占总景观面积的百分比。因此，这是一个简单的衡量主导的标准
（b）2015	AREA（total area）	总面积	hm^2	每个斑块的面积
	PERIM（perimeter）	周长	m	斑块的周长（m），包括斑块内部穿孔的边缘，而不管周长是否代表“真”边
	GYRATE（radius of gyration）	回转半径	m	斑块和斑块质心中每个单元的平均距离（m），回转半径反映斑块幅度（也就是其可达到的范围），因此，其由斑块尺寸和斑块聚集度共同影响
	SHAPE（shape index）	形状指数	无	形状复杂度的最简单和最直接的度量
	PARA（perimeter-area ratio）	周长面积比	%	简单描述斑块的形状复杂度，但没有标准化为简单的欧几里得形状
	CONTIG（contiguity index）	连续性指数	%	空间连接性或连续性
	FRAC（fractal dimension index）	形状分维指数	无	从空间尺度反映形状复杂度，相比于景观形状指数（SHAPE），其克服了直接用周长面积比作为形状复杂度的局限性
	ENN（euclidean nearest-neighbor distance）	欧几里得邻近距离	m	最简单的斑块隔离措施

（CA）和平均斑块面积（MEAN）分别减少了35.31%［（6095.20、4203.13）hm^2］和49.64%［（26.24、13.22）hm^2］。最大斑块指数（LPI）从11.26略降至10.55。相比之下，斑块密度（PD）从1.21增加到1.56，而斑块数量（NumP）从247急剧增加到318，增幅约为28.74%（图3-9）。

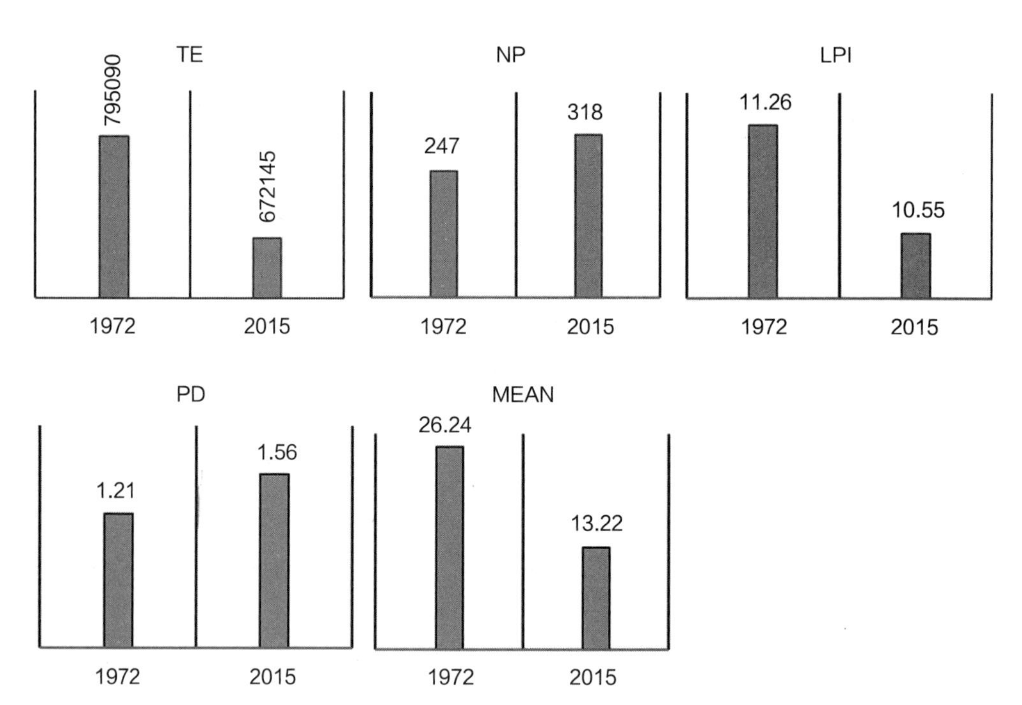

从1972年到2015年，林地生境的景观格局表明了破碎化趋势。TE：总边缘（m）；NP：斑块数；LPI：大斑块指数；PD：斑块密度；平均值：平均斑块大小（hm^2）

图3-9　林地格局指数变化图

三、林地生境质量历史变化及其特征

采用InVEST模型的HQ模块对生境质量进行估值。HQ模块的模拟过程基于以下假设：首先，HQ值较高的地区具有较高的本地物种丰富度，HQ值的减少导致物种持续性下降；其次，ESs的变化主要是由土地利用的变化引起的。因此，考虑到退化的来源是引起边缘效应的人类改良的LULC类型（如城市、农业和道路），针对普遍生物多样性，定义了不同LULC类型中的生境适宜性，从而代表斑块边界和相邻斑块内发生的生物和物理条件的变化。

HQ模型考虑了三个因素，即为生物多样性提供生境的LULC类型的适宜性、潜在损害HQ的威胁源及其相对每种土地利用类型的敏感性。首先，根据文献综述确

在 InVEST 模型中用于模拟林地覆盖物生境质量的参数　表 3-7

序号	参数类型	AA	URA	SBI	VL	RS	TR
01	栖息地对威胁的敏感性	1	0.7	0.80	0.72	0.78	0.6
02	影响栖息地的最大距离	4	5	5.6	4	4	2.0
03	对威胁的相对影响	0.8	1	0.8	0.7	0.68	0.7

注：农业区（AA）；城市居民区（URA）；服务业和基础设施（SBI）；空地（VL）；农村居民点（RS）；交通（TR）

林地的生境质量（HQ）和生境单元值统计　表 3-8

时间	术语	面积（hm^2）	平均生境质量	总生境单元值	平均生境单元值（hm^2）
1972	1972年林地	6095.20	0.9265	2258840	370.6
	HFRs	3655.83	0.9275	1338800	366.2
2015	2015年林地	4203.13	0.9241	1553583	369.6
	HFRs	3655.83	0.9245	1345187	368.0

定相对生境适宜性权重（H_j）与每种生境类型（j）的对应关系（表3-7）。其次，本研究只测算林地，由于城市中林地受人工环境影响较大，因此将林地生境赋值为0.93。农业、住宅用地、工业用地、闲置土地、乡村聚落和交通等土地利用类型d被列为威胁源（r）。一般来说，威胁源对生境的影响随着与退化源之间距离（D_{xy}：公式3-4）的增加而减小，因此，与威胁源较邻近的单元受到的影响比距离较远的单元更大（Max.D）。退化源的加权值（w_r）为0～1的任意值，表示退化源对所有生境的相对影响。最后，根据前人研究确定了敏感度赋值（$S_{jr} \in [0, 1]$），代表生境类型j对威胁r的敏感度，其中接近1的值表示更高的敏感度［关于该方法的更多详细信息，请参见《InVEST用户指南》（表3-8）］，起源于网格单元y的威胁r的影响，记作r_y，对网格单元x的生境影响由i_{rxy}给出：

$$i_{rxy} = 1 - \left(\frac{d_{xy}}{d_{r\max}} \right) \tag{3-3}$$

LULC类型或生境类型为j的网格单元x的总威胁水平由D_{xj}给出：

$$D_{xj}=\sum_{r=1}^{R}\sum_{y=1}^{Y_r}\left(\frac{w_r}{\sum_{r=1}^{R}w_r}\right)r_y i_{rxy}\beta_x S_{jr} \tag{3-4}$$

应用该模型后得到的HQ值从0到1不等，其中1表示对物种最高的适应性。在式（3–5）中，k为尺度参数，生境质量由Q_{xj}给出：

$$Q_{xj}=H_j\left[1-\left(\frac{D_{xj}}{D_{xj}+k^2}\right)\right] \tag{3-5}$$

HQ值乘以可用生境的面积，得到单个物种或栖息地类型的生境单元值。生境单元值的数量定义为像素尺度的HQ与可用生境总面积的乘积（式3–6）。一种生境类型中生境单元值由以下公式计算得出：

$$HUs=\sum_{k=0}^{n}\left(HQ_k A_k\right) \tag{3-6}$$

式中，HQ_k表示k值（0～0.93）下的生境质量；

A_k为生境类型面积。

n为斑块中HQ值的个数。

生境单元值的变化代表了一个斑块综合HQ值。运用ArcGIS软件对类型级别中HFRs的总生境单元值（1972年和2015年）和斑块级别中37个样本斑块的HFRs的生境单元值进行了量化。

结果表明，1972～2015年，林地总面积的显著下降推动了生境单元值总量下降35.31%（表3–8）。此外，还检测到3655.83hm^{2}的HFRs分布在581个残存斑块中。1972年和2015年HFRs的生境单元值分别占林地面积的56%和87%，到2015年增加了0.5%（6387）。HFRs的平均HQ值从1972年的0.9275下降到2015年的0.9245（表3–8）。

研究将值分为3组，即高（0.9250～0.9300）、中（0.9200～0.9249）和低（0.9000～0.9199）。在快速城市化时期，高、中质量的林地生境面积分别减少了54.13%和27.30%［图3–10（a）］，残存生境的高HQ值的生境面积也减少了33.72%，中HQ值的生境面积增加了76.55%［图3–10（b）］。此外，从1972年到2015年，HQ值较低地区的林地生境和历史林地残存斑块均显著增加。

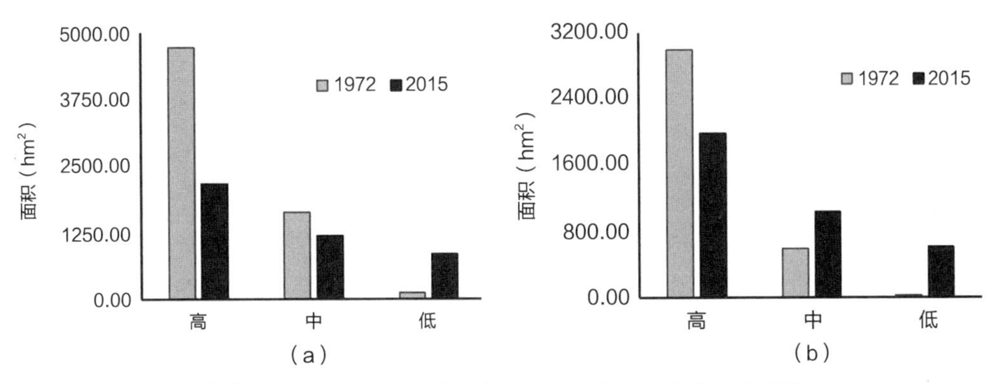

图3-10　1972年与2015年林地（a）和HFRs（b）的生境质量（*HQ*）

四、新发展林地景观格局对历史残存生境（HFRs）的生境质量（HQ）的影响

在类型级别中，首先通过比较1972年和2015年林地的HQ和生境单元值，探究1972～2015年林地HQ的变化。然后统计了HFRs中生境单元值的变化，以及HFRs中的生境单元值占林地覆盖下总生境单元值的比例（图3-11）。

在选取的37个样本公园中采用皮尔逊（Pearson）相关系数对其HFRs的生境单元值进行分析，将在斑块级别中计算得到的景观格局指标作为变量进行相关分析。其中，仅将相关分析中的显著相关变量作为自变量参与后续的回归分析（$P<0.005$）。随后采用多元逐步回归法对HFRs的生境单元值进行分析，以选择影响生境单元值的关键格局指标（X）（正向法，$F_{进入}$=4.00，$F_{移除}$=3.99）。生境单元值（Y）为正态分布，所有数据均经log10指数转换，以保证在协方差分析之前，协变量和因子之间满足并行条件。此外，为了探讨新发展林地在历史残存斑块中的作用，使用新发展生境的面积（AREA）指标作为自变量，替代每个斑块的总面积指标。所有统计分析均使用SPSS统计软件进行。

斑块级别下样本斑块的生境单元值及其HFRs部分的生境单元值如图3-11所示。历史林地HFRs在现有林地的生境单元值中起着重要作用，但HFRs与生境单元值的相关性随着残存斑块面积的变化而变化。小于5hm²的区域取样斑块的生境单元值与HFRs的生境单元值相关性最弱（n=15，R^2=0.5119），大于20hm²的区域相关性较高（n=8，R^2=0.8145），5～20hm²的斑块相关性最高（n=14，R^2=0.8945）。

表3-9说明了37个样本斑块中HFRs的生境单元值与按景观格局指标变量之间的

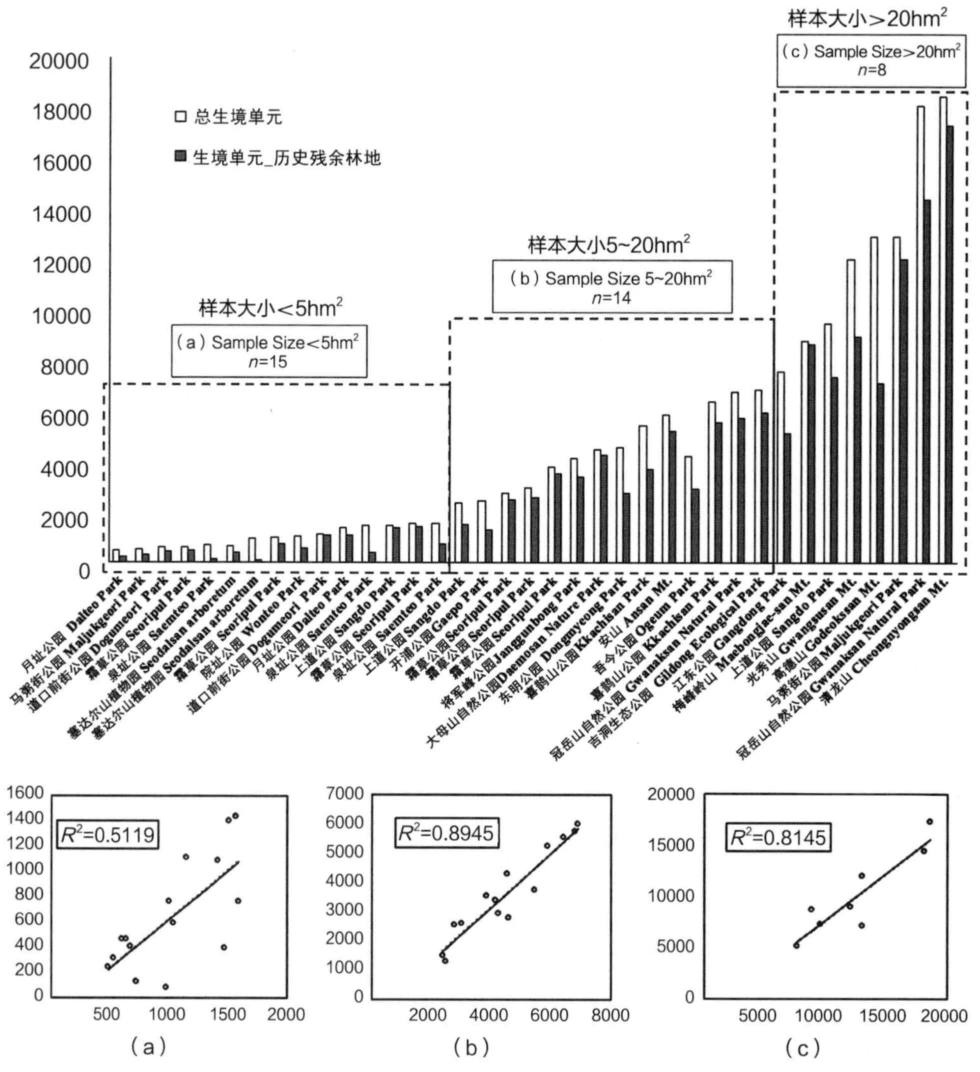

图3-11　现有公园37个采样点的生境单元值及其公园内HFRs的生境单元值。取样斑块的总生境单元值和HFRs之间的关系可分为（a）<5hm²，（b）5~20hm²，（c）>20hm²

皮尔逊相关性。每个样本斑块的生境单元值与大部分景观格局指标变量呈正相关，这些景观格局被认为是新发展生境的AREA指标的一部分。其中，只有PARA与HFRs的生境单元值呈负相关。

表3-10显示了在生境单元值与重要变量之间的多元逐步回归分析得出的最终模型。影响HFRs的生境单元值（Y）的指标包括CONTIG（X_4，正相关）、GYRATE（X_6，正相关）、FRAC（X_5，正相关）和AREA（X_7，负相关）。

本研究所测得的现有公园样本生境单元值与景观格局指标间的皮尔逊相关分析　表 3-9

2015 生境单元值	景观格局指标（取样斑块）							
	PERIM（X_1）	SHAPE（X_2）	PARA（X_3）	CONTIG（X_4）	FRAC（X_5）	ENN —	GYRATE（X_6）	AREA（新发展生境）（X_7）
历史林地残存斑块（HFRs）	0.847**	0.549**	-0.620**	0.621**	0.349*	-0.171（n.s.）	0.849**	0.455**

注：*$P<0.05$；**$P<0.01$；n.s.：不显著；X：自变量用于后续多元回归分析；NFH：新形成的生境。

基于 HFRs 的生境单元值与景观格局指标中显著变量之间的多元逐步回归分析（正向）得出的最终模型　表 3-10

生境单元值	调整 R^2	选择变量（s）	B	T- 值	P- 值
历史林地残存斑块（HFRs）（Y）	0.864	回归常数	–21.915	–5.611	<0.001
		GYRATE（X_6）	0.002	2.224	<0.033
		CONTIG（X_4）	19.129	6.804	<0.001
		FRAC（X_5）	5.950	4.215	<0.001
		AREA（新发展生境）（X_7）	–0.047	–3.064	0.004

注：Durbin–Watson=2.104。

五、小结

景观格局分析和HQ模型旨在模拟HFRs对城市生物多样性的支持作用（图3–7），并探究当前林地生境的景观格局指标对HFRs–HQ值生境质量的影响（表3–9和表3–10）。研究林地景观的时空变化探究（图3–9）对于识别HFRs（图3–8）以及研究HQ和生境单元值的变化至关重要（图3–10和表3–8）。模拟结果可用来为林地景观中的城市生物多样性保护提供借鉴，特别是可以让规划者和设计师了解如何利用斑块配置和空间布局来支持城市生物多样性。

1. 目标一：林地生境中景观格局和HQ的变化

首尔市区的景观变化与其生境破碎化、生境隔离化密切相关。生境破碎化通常导致斑块减小，边缘与内部比率和斑块之间距离相对增加。1972～2015年，研究发现现代林地生态系统的碎片化程度很高，包括总面积35.31%的减小（1892hm^2）、平均林地斑块大小（MEAN）的减少以及总体景观中最大斑块面积的减小（图3-8）。模型结果还表明，整体林地生境总边缘减少了11.69%（92.945m），残存林地面积的边缘与内部的比率略有增加（图3-7）。本研究观察到生境丧失的主要原因是快速的历史发展中较少考虑城市中自然景观的留存。

生物多样性丧失和生态系统退化的主要原因是自然生境的丧失和破碎化。本研究结果显示高生境质量值显著降低［图3-10（a）］，且降低趋势显示在整个研究区间内。此外，总生境单元值的比例下降与林地栖息地总面积的比例下降相同，其次是平均每公顷生境单元和平均生境质量的下降（表3-7）。自20世纪80年代首尔市内大型土地开发项目扩展至城市边界以来，市域周围的林地景观已趋于破碎化。到2015年，仍有114个“孤岛式”林地斑块留存，包括本研究所分析的作为大众公园使用的37个样本点。这些斑块被道路、居民区和其他用地所分割，并且都包含不同大小的多边形城市植被。这些破碎的残存斑块大多曾属于市区内山地的主要部分（三圣山（Samseongsan Mountain）、冠岳山（Gwanaksan Mountain）、牛眠山（Umyeonsan Mountain）、九龙山（Guryongsan Mountain）、大母山（Daemosan Mountain）和金岩山（Geumamsan Mountain），破碎化后形成的孤岛状生境，其总面积急剧下降，特别是在将军峰公园（Janggunbong Park）、霜草公园（Seoripul Park）和道口前街公园（Dogumeori Park）（图3-1）。

2. 目标二：HFRs识别及其支持城市生物多样性的作用

2015年的面积（3655.83hm^2）与1972年的几乎相同，占林地总面积的87%（表3-7）。2015年，尽管一些样本斑块面积较大，但其值较低。研究发现，自然生境的残存斑块对邻近区域的ESs供给受距离影响，即与残存斑块越接近其ESs供给能力越大。例如，吾今公园（Ogeum Park）的大小与喜鹊山公园（Kkachisan Park）几乎相同，但前者的生境单元值更低（图3-11），因为它位于松坡区（Songpagu）的高密度居民区（图3-6）。与一些较大面积的斑块［例如，安山公园（Ansan Mountain Park）］相比，几个HFRs占比较高的样本斑块显示出较高的生境单元值（图3-6和图3-11），因为这些斑块靠近冠岳山（Gwanaksan Mountain）的林地边缘。

尽管从1972年到2015年的景观格局指标显示了林地景观的破碎化状态，但HFRs的总生境单元值增加了（0.5%）。在某些情况下，较小的林地残存斑块的空间配置和网络可能比其面积大小更为重要。某些研究也提出，当破碎化导致特定生境类型中不到30%保留在景观中时，斑块的空间排列在物种生存中的作用可能比生境面积大小更为重要。

3．目标三：新发展林地生境的主导景观格局指标对HFRs的生境质量的影响

林地残存斑块的形状对生物多样性有重要影响。逐步多元回归表明，样本斑块中HFRs的生境质量主要受2015年林地数据集中回转半径（GYRATE）、形状分维指数（FRAC）和连续性指数（CONTIG）的正面影响（表3-10）。形状分维指数（FRAC）和连续性指数（CONTIG）都被认为是形状指标。周界的形状可能对斑块内外物种的种群分布和迁徙路线起到生态作用。在某些情况下，斑块的形状似乎与动物多样性无关，但却是植物物种丰富度的有效评价标准。如回归模型（表3-10）所示，新发展林地生境在维持和HFRs的生物多样性方面发挥负面作用。一些HFRs生境存在于较大的城市绿地中，但已被非天然植被（如计划人工林）分隔。因此，这些地区非乡土植被与乡土植被的比例将对HFRs构成潜在威胁。

4．目标四：对城市林地保护规划与设计战略的启示

根据Forman（1995）的观点，人类影响下景观产生的主要变化，是逐渐地将大片均匀的林地分割成许多更小的斑块组成的不均匀混合体的过程，这种现象也同样在首尔出现。

在此次研究区域中，2015年识别到的一半的HFRs样本斑块面积小于5hm^2，总生境单元值与HFRs的生境单元值呈中度相关（n=15，R^2=0.5119）（图3-11）。这一结果表明，HFRs在小型残存斑块中的受保护程度相比于大型斑块的力度较小。Sitzia等（2016）强调，较小的残存林地斑块可以维持各种各样的城市绿色基础设施，这些绿色基础设施可提供一系列的ESs功能。在首尔，虽然城市边缘的大部分林地斑块作为绿地的一部分受到保护，但较小的斑块受到的保护程度较低，甚至未有提及。然而，小型生境斑块的作用值得被重视，其可以与大型斑块区域互补，当在景观中均匀分布时，小型残存斑块的网络可包含多种可能有助于维持区域生物多样性的物种，如为迁徙和散播种子的动物提供踏脚石和休憩地，为传粉昆虫提供栖息地，以保证其丰富度和多样性，同时可以作为繁殖体来源使林地向外扩张。因此，在模型模拟中，需要量化小斑块的生态效益。本研究建议在一系列较大和较小的斑块中对鸟类和本地一年生植物进行观察，以辨别小型生境斑块对首尔城市林地网络的总体价值。

虽然城市林地在大多数ESs中起着直接作用，但当林地残存面积急剧下降时，认

为有意种植形成的生境也可以支持一些功能。为了创建一个能够充分代表生态系统中生物相互作用的生态网络，人为特意种植的林地生境可能使历史和保护生境斑块之间的生态联系成为可能。然而模型结果表明，HFRs斑块周围现有林地的斑块形状可能会对其生物多样性产生积极影响，而新发展生境的面积可能会对生物多样性产生负面影响。这项研究将有助于进一步了解新发展的生境对城市林地保护规划的影响。理想情况下，本研究模型结果将用于加强城市级的保护区网络，并发展基于ESs的管理和政策。虽然研究路径只应用于首尔特别市的7个行政区，但其可以在不同尺度上适用于其他有类似生态问题的地区。

5. 结论

本研究探讨了城市林地生态系统的变化，识别了2015年现有林地生境中的HFRs斑块，并评估了新发展林地景观格局对HFRs提供ESs功能的潜在影响。研究结果表明，HFRs在提高HQ方面可以发挥重要作用，但新发展林地的形状指标和生境面积大小会影响其生境质量；这些发现为了解城市地区的林地保护措施制定提供了借鉴。

研究得出，现有林地的面积大小、形状和空间格局影响HFRs的HQ值的高低。然而，本研究存在一定局限性，包括基于遥感数据的LULC监测HFRs的准确度，这些地点缺乏可用的现场试验数据，在HQ模型中的威胁源和敏感性权重来自于前人研究。在某些情况下，多重威胁的综合效应可能远远大于某个单一威胁的总和。了解大城市地区HFRs提供的ESs价值，对城市规划和绿色基础设施规划的战略制定具有潜在的实践意义；但是在制定保护HFRs的潜在发展战略方面仍然有一定挑战。因此，本研究强调在城市规划过程中关注设计新发展生境的措施从而有益于保护历史斑块。在建设城市绿色基础设施时，逐步将HFRs视为重要的组成部分和历史见证，并在真正意义上将其纳入景观保护计划之中。

第三节／首尔市冠岳山林边缘区域的微气候变化特征

城市快速发展的进程中，自然环境遭到了严重破坏，城市林地被逐步分割成更多、更小、更孤立、具有林地边缘的斑块。随着林地边缘逐渐多样化，有必要了解这种现象导致的生态影响和作用。探究边缘效应对城市林地管理有重要作用，边缘区域可成为缓冲区以便于保护林地内部环境及其所提供的ESs功能。

林地的微气候条件是林地管理的重要内容之一。微气候，被定义为小尺度环境（0.01～1000m）的气候，可用于评估林地的边缘效应，其参数包含空气温度、相对湿度、风力条件和光照强度，在该尺度上，林地的砍伐对接收的太阳辐射有较大影响，太阳辐射会导致空气和土壤的温湿度发生变化，从而影响生态系统过程，包括林地地面温度和湿度动态、蒸发和凋落物的分解。此外，微气候变化对植被组成产生影响，进而改变林地群落特征，如林下叶层植物多样性。综上所述，进一步了解边缘效应对微气候因子的影响，对于理解城市林地边缘生态特征具有重要意义。

前人研究中关于林地边缘效应对微气候的影响多集中于自然林，通过对比林地内部和干扰侧的微气候变化的研究，可为边缘区域的管理提供有效的方法。例如，丹耶（Denyer）等（2006）测量了分别靠近开阔牧场和密集人工林的天然林中微气候变化，发现天然林内部环境与靠近密集人工林的边缘区域相似，而与靠近牧场的区域差异较大，因此，密集的人工林可以作为保护破碎化林地的缓冲区。贝克

（Baker）等（2013）通过测试成熟林地在不同边缘类型下的空气温度和相对湿度变化的影响，证实了“聚合保留”（aggregated retention）是一种有效的林地再生方法。盖豪森（Gehlhausen）等（2000）提出，在为林地保护区规划缓冲栖息地时须考虑林地边缘效应，因为草本植物群落受到林地边缘微气候变化的影响。

城市中由于土地被开发，林地边缘区域受到城市用地的干扰，但对城市林地边缘效应的微气候变化研究相对较少。部分城市林地边缘效应的研究集中在植被对其影响的反应上。例如，汉伯格（Hamberg）等（2008）提出，林地边缘结构、树冠和物种组成影响了城市林地边缘区域的植被。维拉赛尼奥（Villaseñor）等（2016）发现，在某原生桉树林中，植被覆盖率随着临近林地边缘区域的距离变小而逐渐下降。林地边缘区域的环境条件可以影响林地管理策略的有效性，因此需对城市林地边缘效应的微气候条件展开进一步研究。此外，由于全球变暖，城市地区的极端天气事件越发频繁，我们还需了解极端高温天气情况下林地边缘效应的变化。该研究试图阐述在夏季高温条件下城市林地边缘的微气候变化特征，监测因子包含气候变量，即空气温度、相对湿度、土壤温度、土壤湿度和光合有效辐射（Photosynthetically Active Radiation，PAR），此外，还利用叶面积指数（Leaf Area Index，LAI）描述冠层覆盖的情况。该研究通过观测林地边缘区域微气候的梯度和日变化，反映其时空动态。该研究试图回答以下问题。

（1）城市林地外部和内部的微气候参数变化特征，以及两者的日变化及其有何差异？

（2）林地边缘区域与林地内部的微气候呈现显著差异的具体范围，微气候从林地外部到林地内部的梯度变化有什么特征？

（3）受影响的边缘区域范围及其日变化特征是什么？

研究地点选取韩国首尔特别市首尔大学校园内与冠岳山林地交界处（北纬37°27′39.1″，东经126°57′24.2″，如图3-12所示），该研究场地原为冠岳山的自然林，在20世纪70年代城市化发展中用于建设首尔大学校园，是典型的城市林地边缘类型之一。研究地点林地为落叶和针叶温带混交林，核心树种由日本落叶松、赤松、白桦、麻栎、阿列纳、蒙古栎、木兰组成。监测样点的乔木有敖包花、沙棘、槭、山茱萸等，平均高度为15～20m；灌木包括毛杜鹃、胡枝子、千里香、中国山楂；土壤主要为腐殖质，林地地面上覆盖落叶。

一、微气候监测与数据分析

根据韩国气象局的气象报告，选择2016年8月连续三日的高温天气（20日、21日

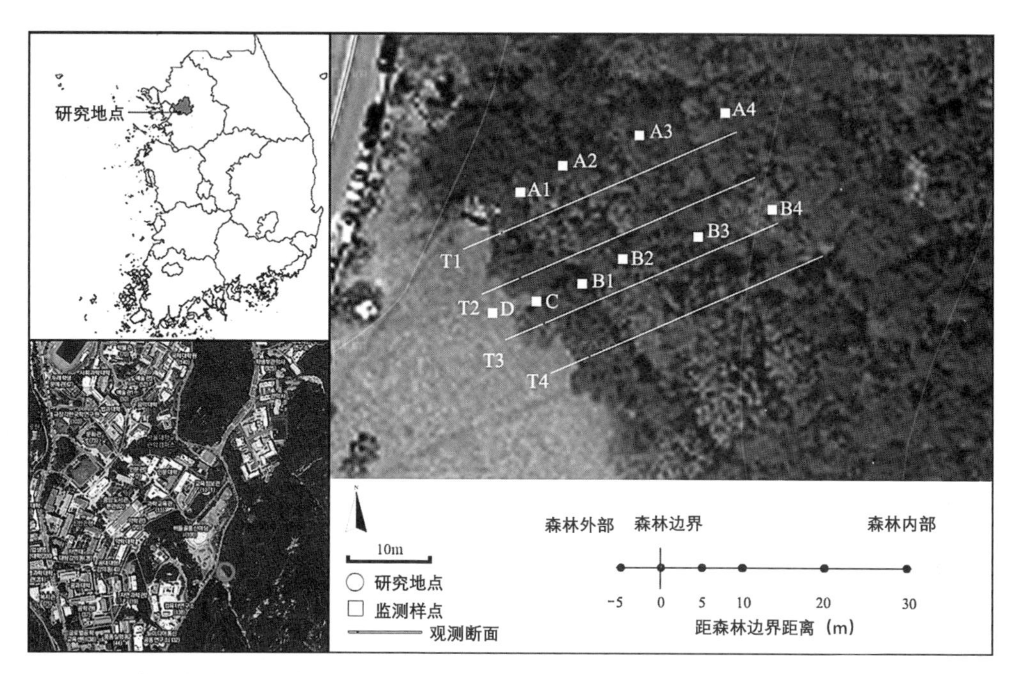

图3-12　研究地点布局。连续记录数据的气象站设置在林地内部的A1-4和B1-4处，C设置在林地边界处，D设置在距离林地外部边界5m处。同时，每日下午（14：00～17：00）通过手持仪器测量在T1～T4断面进行移动式微气候监测。

和22日）作为研究时段。该报告显示，首尔市在2016年8月期间经历了自1973年以来的连续高温天气，白天最高气温超过33℃，日最低气温超过25℃。图3-13（a）所示为1973年至2016年8月的最高气温，图3-13（b）所示为本研究地点测得的气候变量与首尔市2016年8月的官方天气记录对比，最后选取了无降雨、少云、风速小于1m/s的3天作为其夏日高温的典型气象日。

1. 样点设计

研究选取两个断面上的10个样点来观测林地边缘微气候的时空动态，并在研究期间进行了连续监测（图3-12）。A1～A4和B1～B4是指在林地内部到边界（0m）的不同距离（5m、10m、20m、30m）设定的样点，定义最后一根未砍伐乔木的位置为林地边界（图3-12中的C），在林地外部距离边界5m处设置一个采样点（图3-12中的D）。移动式测量于每天14：00～17：00在与采样点相同的距离间隔（-5m、0、5m、10m、20m、30m）内的4个断面上进行（图3-12中的T1～T4）。研究中的所有样条带延伸到林地内部的最大距离为30m，因为微气候边缘效应的最大变量通常发

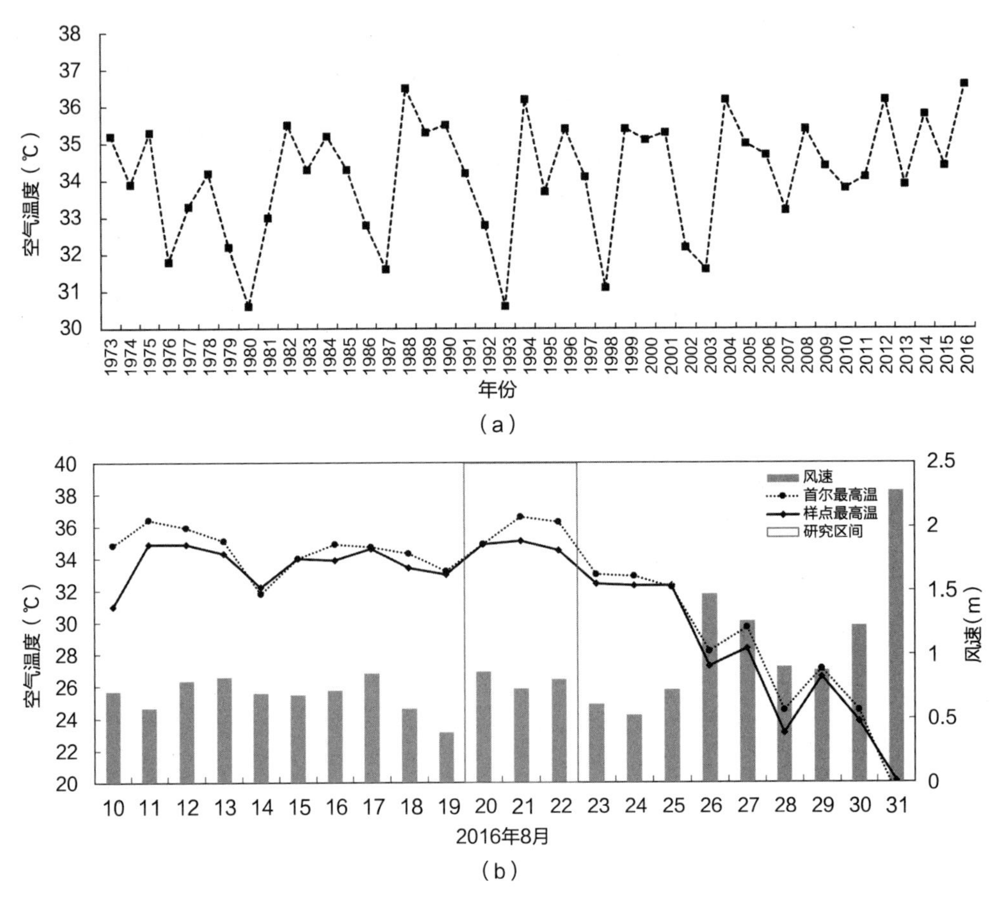

图3-13 （a）1973～2016年每年8月首尔最高气温（来源：韩国气象局报告http://www.kma.go.kr）；（b）首尔2016年8月的日最高气温和本研究实地监测气象台记录的最高气温和风速

生在该范围内①。所有断面的朝向为西南方向、坡度较缓、植被覆盖种类相似。

2．仪器与数据收集

为了描述微气候的边缘效应特征，本研究测量了所选断面的空气温度、相对湿度、土壤温度、土壤湿度和PAR。在所有样点上，气象站收集数据的时间间隔为5min。每个样点安装一台微型气象站，设定高度为距地面1.5m，土壤传感器设置在土壤5～10cm深处。所使用气象站包括：配有量子光量计和土壤传感器模块的Watchdog（美国光谱技术公司）和TR-72wf温湿度记录仪（日本T&D公司）。为了避免阳光直射，TR-72wf温湿度记录仪均放置在通风的百叶箱内，手持仪器包括

① DOVČIAK M, BROWN J. Secondary edge effects in regenerating forest landscapes: vegetation and microclimate patterns and their implications for management and conservation[J]. New Forests, 2014, 45(5).

温湿度记录仪、量子光量计和土壤传感器（美国光谱技术公司）。移动测量建立在T1～T4样点上，在每个样点至少重复读取手持仪器测量的微气候变量数值三次。此外，在样点安装仪器之前，气象站通过在室内同时记录来进行校准，以确保数据一致。

为观测林地冠层结构，本研究通过半球摄影测量了叶面积指数LAI，所用仪器为装有鱼眼镜头的尼康D5500相机（Nikkor 10.5mm f/2.8G ED），拍摄高度为1.5m。具体方法为镜头垂直朝向天空拍摄林冠，因为阳光直接进入镜头可能会导致LAI被低估，所以拍摄时间为6：00～7：00。每个采样点拍摄5张不同曝光时间（1/40s、1/60s、1/100s和1/200s）的照片，选择最清晰的一张作为分析对象，并利用差距光分析模型Gap Light Analyzer 2.0软件计算LAI值。

3. 数据分析

首先，对比了林地外部和内部的微气候差异，即D点与A4和B4点的平均值。白天数据的分析周期基于四个时间段进行，即上午（8：00～11：00）、中午（11：00～14：00）、下午（14：00～17：00）和晚上（17：00～8：00）。林地外部和内部之间每种变量的数据通过利用独立样本t检验分析差异显著性。然后，将林地内部监测点（A4和B4点）的每小时平均值减去外部林地监测点（D点）每小时平均值，得出平均差值。

沿观测断面的微气候在下午时间段（14：00～17：00）的变化也采用独立样本t检验进行了分析。每个监测点的记录数据结合了固定和移动监测，取其平均值，每个采样点被视为一个样本的重复。将-5～20m距离处每个微气候值的差异分别与30m处的值进行比较，若具有显著差异性，则这些点可被视为受到边缘效应的显著影响。每个变量从外部到内部的变化梯度利用相对值（ΔX_i）表示：

$$\Delta X_i = X_i - X_{(30)} \qquad (3\text{-}7)$$

式中，X_i为不同距离处微气候变量的平均值；i为距林地边界的距离；$X_{(30)}$为距林地边界的距离是30m处（即林地内部）微气候变量的平均值，选择使用相对值来说明小气候变量变化的幅度，因为它取决于横断面之间的距离。

空气温度和相对湿度的单位分别为摄氏度（℃）和百分比（%），为了更方便解释树冠对PAR的影响，数据表示形式为林地边缘区域和林地外部微气候PAR的百分比。t检验分析结果由SPSS Statistics 22（Statistical Product and Service Solution, IBM公司）统计产品与服务解决方案软件得出。

林地边缘宽度被定义为受边缘效应影响的区域范围，本研究通过利用主坐标非线性正则分析（Non-linear Canonical Analysis of the Principal coordinates，NCAP）计算了空气气温和相对湿度的林地边缘宽度，并描述了其时间动态。NCAP原为一种基于距离的分析方法，用于对非线性梯度的多变量群落数据进行建模。NCAP模型通过使用欧几里得距离生成不同矩阵来运行。然后，NCAP程序拟合了一条生长方程“von Bertalanffy”渐近回归曲线，该曲线模拟了微气候与距边缘距离的关系，本研究利用Rver. 3.4.0（R Core Team 2017）中NLCCA.R和PCO.R完成了林地边缘宽度的计算，并分析了其日变化特征。

二、冠岳山林边缘内外微气候日变化差异

不同微气候变量的日变化具有差异性，如图3–14（a）、图3–14（b）所示，林地内部和外部的空气温度和相对湿度日变化规律相似；土壤温度在林地外部波动较大，在内部变化较小［图3–14（c）］；土壤湿度在林地内外均无明显变化［图3–14（d）］；林地外部6：00～18：00、林地内部7：00～17：00可以识别到PAR值，PAR在林地外部波动较大，在林地内部相对稳定［图3–14（e）］。

在观测期的3日内，空气温度、土壤温度和PAR值均在6：00左右开始上升，不同时间达到峰值（图3–14）。PAR在林外的峰值出现在12：00（1500μmol · m^{-2} · s^{-1}），但在林地内部仅为50μmol · m^{-2} · s^{-1}［图3–14（e）］。土壤温度峰值出现在15：00，林地外部为29.8℃，林地内部为24℃（图3–14）。空气温度的峰值出现时间最晚（16：00），其林地内部和外部的值分别为34.3℃和31.9℃［图3–14（a）］。相对湿度的数值曲线呈U形，林地内部和外部的值在16：00最低［分别为43.1%和49.3%，图3–14（b）］。

表3–11所示为林地外部和内部之间每个微气候变量的统计差异（即D，以及A4和B4的平均值）。结果表明，下午（14：00～17：00）时段林地内部和外部的空气温度与相对湿度存在显著差异，其他时段均不显著。相反，土壤的温度和湿度在林地外部和内部的所有时段均呈现显著差异。

林地外部（D点）与内部（A4和B4）微气候参数的平均差（± 标准差）　表3–11

平均差（｜林地外部（–5m）— 林地内部（30m）｜）					
—	—	上午	中午	下午	晚上
空气温度（℃）	平均差	1.06 ± 1.07	1.65 ± 0.84	1.84 ± 0.43	0.59 ± 0.81

续表

平均差（｜林地外部（–5m）— 林地内部（30m）｜）					
—	—	上午	中午	下午	晚上
—	t	0.99	1.97	4.31*	0.73
相对湿度（%）	平均差	5.06 ± 6.77	6.67 ± 3.34	6.20 ± 1.28	3.96 ± 4.07
—	T	0.75	2.00	4.84*	0.97
土壤温度（℃）	平均差	3.42 ± 0.16	4.92 ± 0.54	5.98 ± 0.31	3.84 ± 0.25
—	t	7.90*	9.16*	9.20*	8.81*
土壤湿度（%）	平均差	7.22 ± 0.68	6.91 ± 0.49	6.82 ± 0.07	7.14 ± 0.09
—	t	10.30*	13.90*	12.54*	10.96*

三、冠岳山林边缘区微气候变化梯度

本书阐述了从林地外部（$X_{(-5)}$）到内部（$X_{(30)}$）区域内，林地边缘效应对微气候参数的影响，以及独立样本t检验的结果（图3–15）。空气温度的边缘效应延伸至林地内部10m，相对湿度则至少20m。土壤温度、土壤湿度和PAR的边缘效应影响范围为5m以内。此外，LAI沿林地边界到林地内部表现为逐渐增加的趋势。

各项微气候变量均在距林地边界5m内呈现出突变梯度，表明边缘效应对该范围影响最大（图3–15），空气温度在5～20m梯度变缓；相对湿度从林外到林内持续递增；土壤温度和土壤湿度在5～10m有轻微变化，超过10m数值基本稳定；PAR在林地边界的遮挡率在80%左右、内部达95%以上［图3–15（e）］。

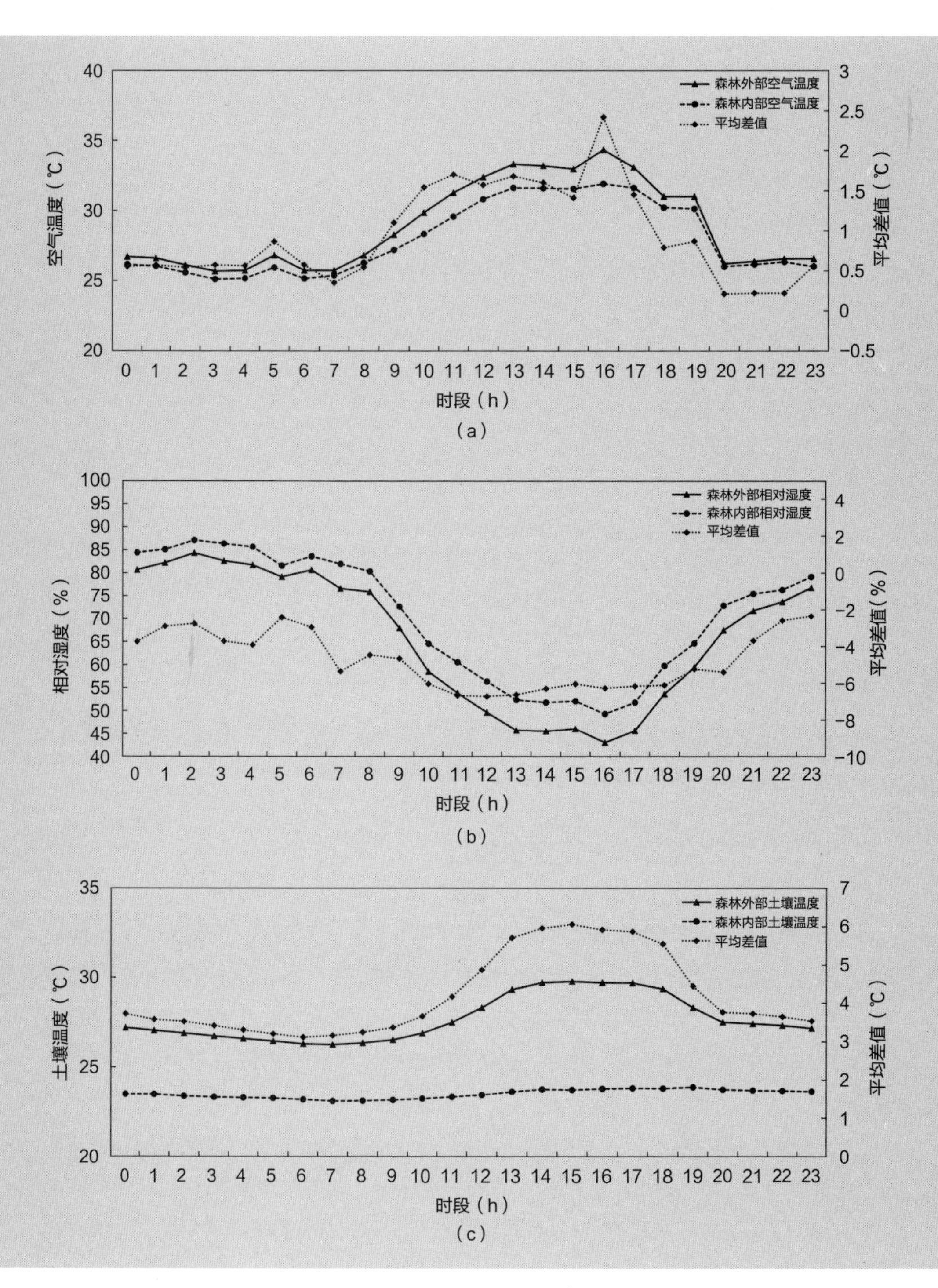

图3-14　y的主轴为林地外部（采样点D）和内部（采样点A4和B4的平均值）在相应研究期间内各微气候变量的时段平均值。图（a）~（d）的Y副轴为$X_{(-5)}-X_{(30)}$的每小时平均差值，图（e）的副轴代表PAR在林地内部和外部的比值

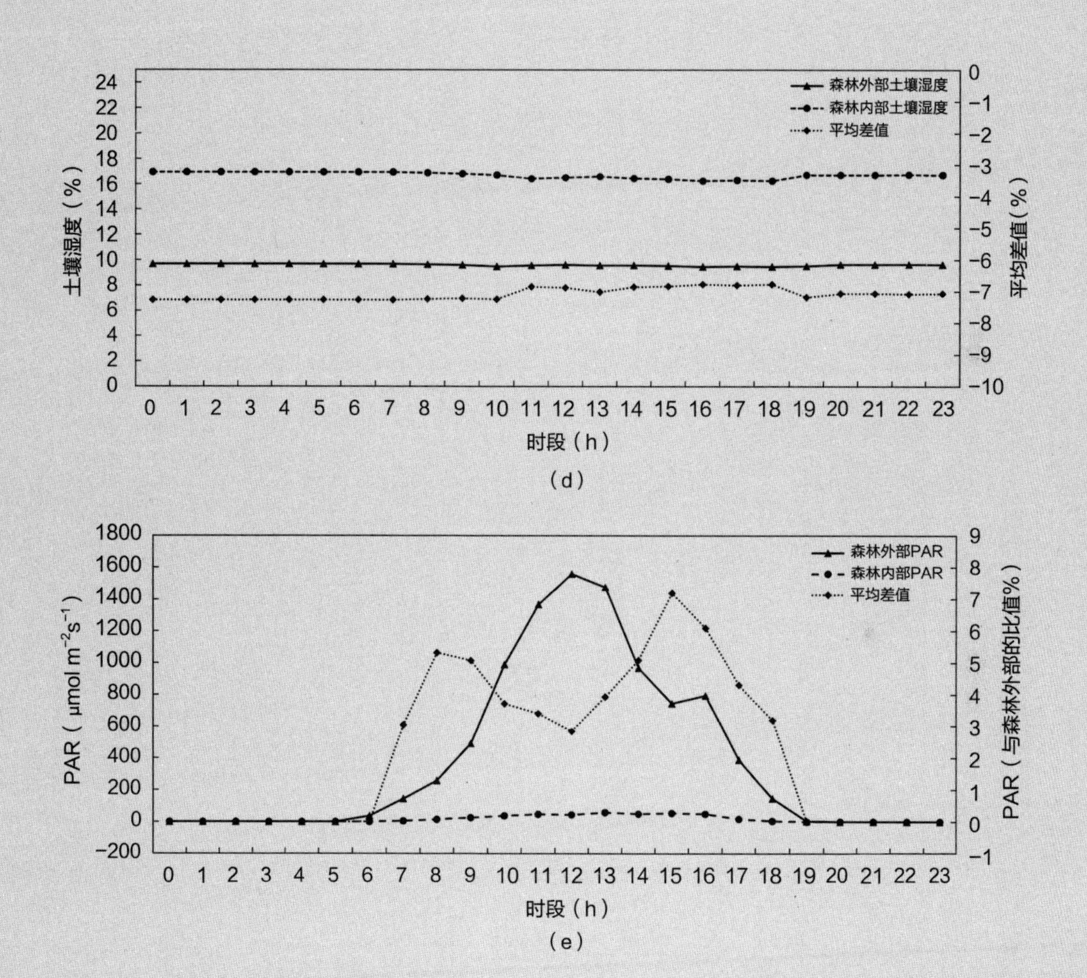
森林外部土壤湿度
森林内部土壤湿度
平均差值
土壤湿度（%）
平均差值（%）
时段（h）
森林外部PAR
森林内部PAR
平均差值
PAR（μmol m⁻²s⁻¹）
PAR（与森林外部的比值%）
时段（h）

（d）

（e）

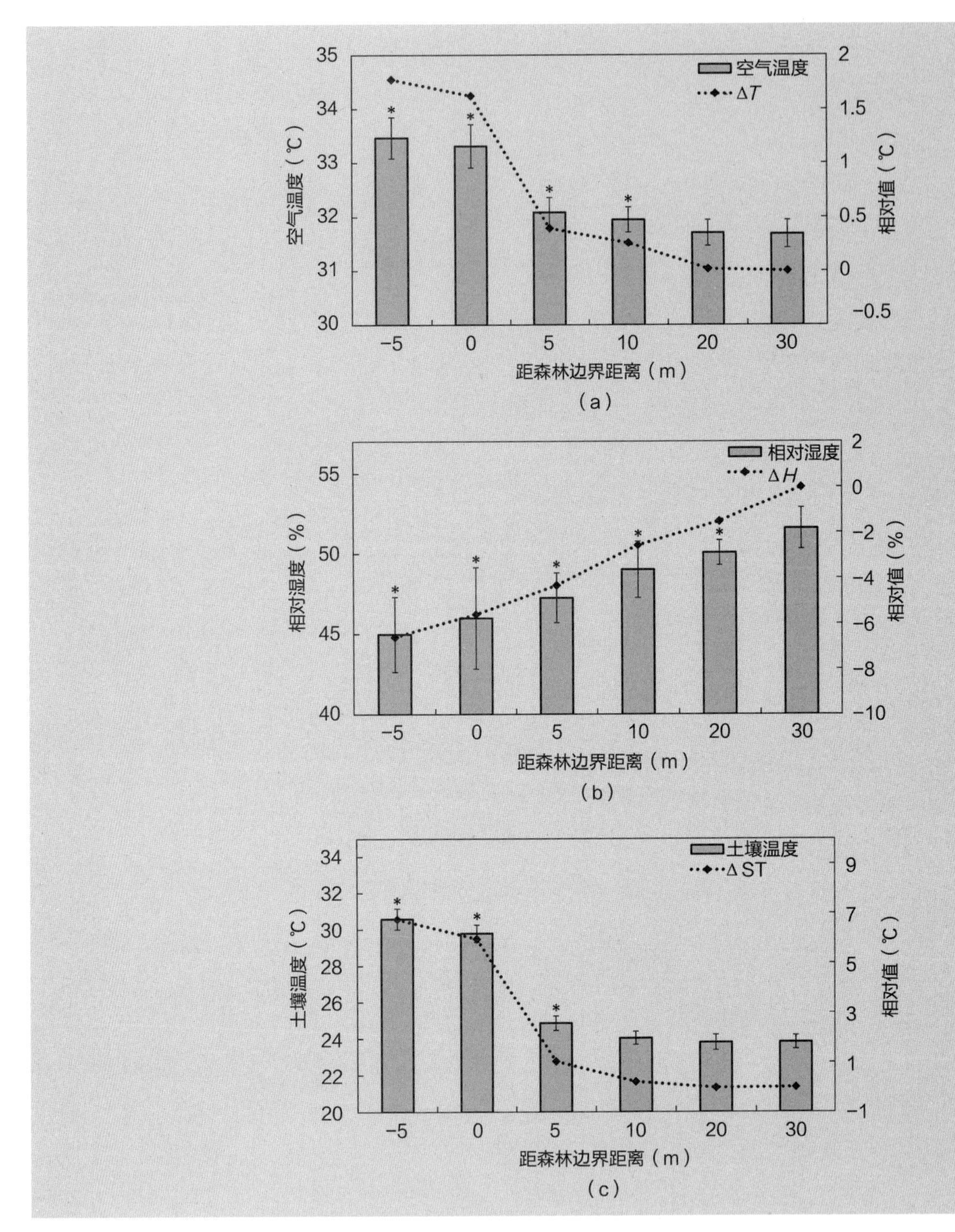

图3-15 （a）~（e）为下午（14：00~17：00）从林地外部到内部的微气候变量梯度。主*y*轴表示不同距离处的微气候的平均值，误差条表示95%的置信区间（CI）。次*y*轴的ΔT、ΔH、ΔST和ΔSM为虚线，分别表示空气温度、相对湿度、土壤温度和土壤湿度的相对值［即$\Delta X_i = X_i - X_{(30)}$（1）］。（e）中的虚线表示林地内外的PAR之比。（f）为距林地边界不同距离的LAI值。*表示在距林地边界不同距离（即−5m、0、5m、10m和20m）和距离林地内30m处之间的微气候存在显著差异（$P<0.05$）

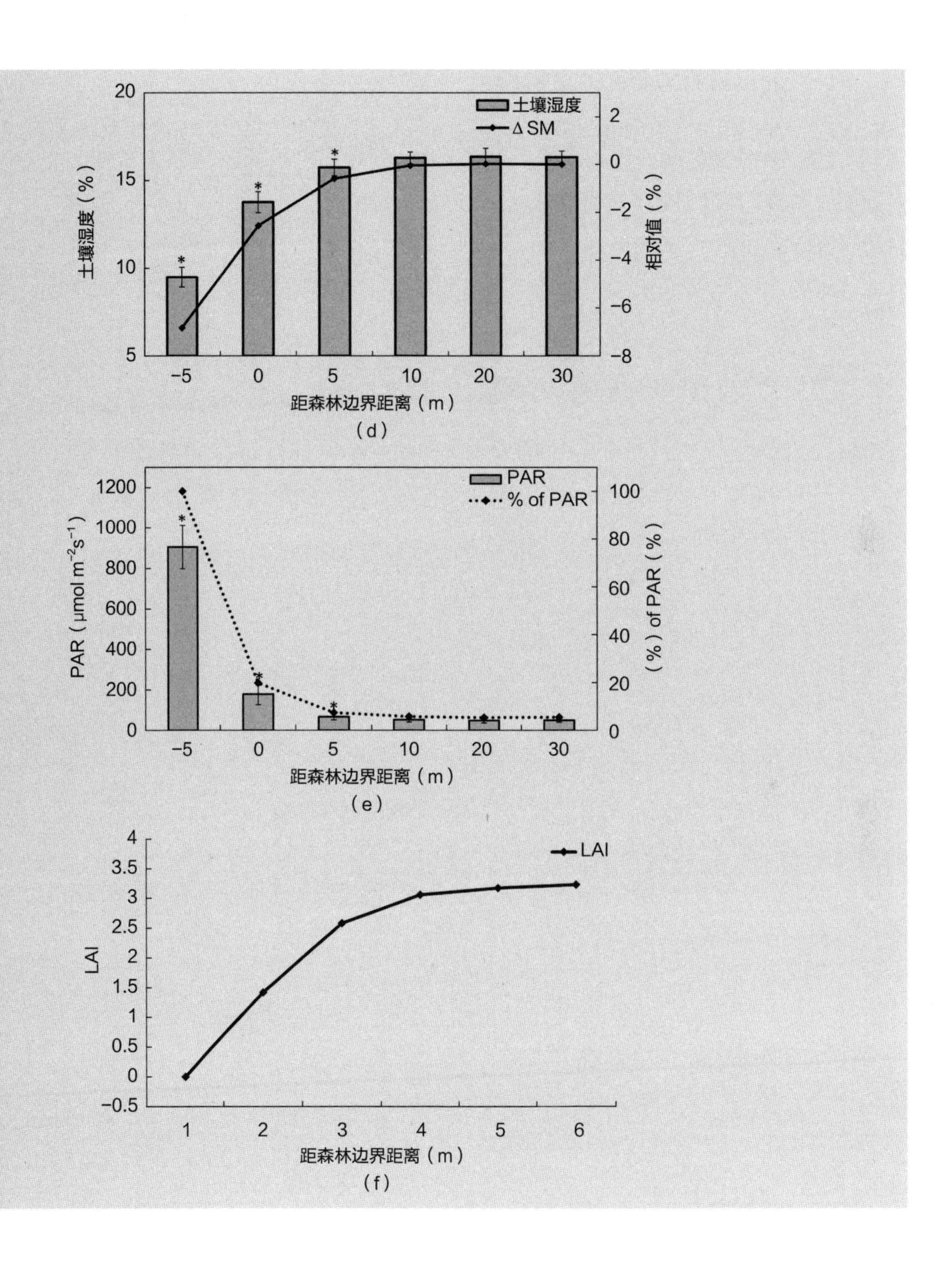
土壤湿度
Δ SM
土壤湿度（%）
相对值（%）
距森林边界距离（m）
（d）
PAR
% of PAR
PAR（μmol m⁻²s⁻¹）
（%）of PAR（%）
距森林边界距离（m）
（e）
LAI
距森林边界距离（m）
（f）

四、冠岳山林边缘效应的日变化特征

通过NCAP估算的林地边缘宽度在一天中持续变化（图3–16），空气温度和相对湿度的边缘宽度最大值（即受边缘效应影响的区域最宽）出现在16：00，分别为14.5m和41.9m，在18：00至第二日8：00的林地边缘宽度均小于10m，同时，空气温度的边缘宽度较小（即受边缘效应影响的区域较窄），相对湿度的边缘宽度较宽，并且变化波动较大。

通过空气温度和相对湿度估算边缘宽度可以观察其随时间发生的变化，在16：00可观察到峰值（图3–16）。该结论与部分前人研究结果不同，如贝克（Baker）等发现，成熟林地对受干扰区域范围的微气候影响在中午（12：00）出现峰值，这是由于干扰侧边缘效应的主要环境驱动因素是树荫，而林地边缘区域的主要驱动因

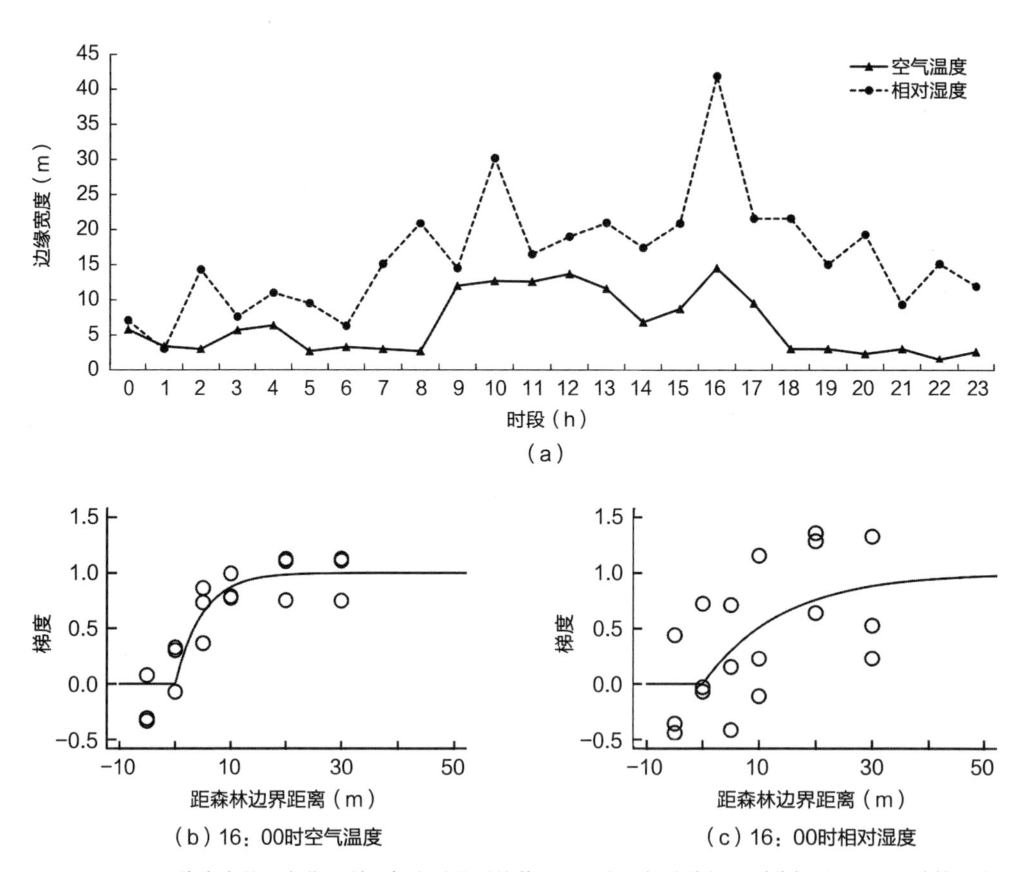

图3–16 （a）边缘宽度的日变化，利用每小时的平均值，通过主坐标非线性正则分析（NCAP）计算边缘宽度；（b）、（c）为空气温度（T）和相对湿度（h）在16：00时的边缘宽度；（b）和（c）中的圆圈表示每个重复样本的平均值

素是林冠密度。此外，峰值时间也可随边缘方向而变化，相关学者发现林地的东向边缘比西向边缘的空气温度峰值出现的时间更早。

本研究中空气温度和相对湿度可能受到风的影响，进而导致其比土壤温度和土壤湿度变化更大。风在林地边缘效应中是一个重要的物理变量，其可能会加剧或者减弱林地边缘效应对微气候的影响。本研究中D点监测记录显示，平均风速虽然小于1m/s，但其方向朝向林地内部，这会使微气候的林地边缘效应加剧。此结果在前人研究中有类似阐述，其表明在不同的风条件下，相对湿度的边缘宽度可以从边界延伸到林地内50～240m。

五、小结

本部分通过分析城市林地边缘的微气候在2016年8月的3个连续高温日变化来研究林地边缘效应，边缘区域微气候具有时空动态特征，各变量的变化方式具有差异性。研究对比了林地外部和内部的微气候差异，林地外部空气温度和相对湿度的日变化趋势与林地内部相似，同时，平均差值也随时间发生变化（图3–14和表3–11），这表明这两个变量在一天之中受林地边缘效应的影响程度不同。此外，在林地外部PAR的波动较大，而土壤温度波动较小，土壤湿度几乎无变化（图3–14）。在林地内部30m处各项微气候均相对稳定，这表明本研究区域所选范围合理。该研究与部分前人研究结果相似，如卡马戈（Camargo）等（1995）调查了一个具有4年历史的林地边缘，发现土壤湿度在旱季变化不大。微气候的变化特征也可能随冠层结构和当地气候条件发生变化。

下午（14：00～17：00）时段能更好地显示边缘效应的空间动态，该时段林地外部和内部之间的所有微气候变量都存在显著差异（图3–15）。通过将各测量值与林地内部进行对比发现，在特定距离出现了显著变化，如图3–15（a）～图3–15（e）中的*所示柱状图。各变量边缘效应的梯度不同，如空气温度在10m处显示出显著差异，但在20m处则无差异性［图3–15（a）］。该结果表明，本研究预测边缘对空气温度的影响范围处于10～20m，这与图3–16所示根据空气温度计算的林地边缘宽度最大值为14.5m的结果相匹配；图3–15（b）所示相对湿度在20m处仍然存在显著差异，而这也被其林地边缘宽度41.9m的计算结果所证实［图3–16（a）］；土壤温度、土壤湿度和PAR均在5m处有显著差异，但在10m时（图3–15）没有显著差异，因此，其受到边缘效应的影响为10m以内。本研究中，LAI值越靠近林地边界处越低，导致林地边缘区域光照透射率较高，进而导致所有微气候变量在距林地边界5m处都呈现出一个陡峭的梯度。此外，林地边缘效应在下午最为强烈，此期间太阳在天空的入射角较低，加强了光从林地边界面的摄入，因此边缘效应加剧。

林地边缘区域的保护是一项重要的课题，因为其有助于维持林地内部环境的稳定。然而，林地边缘宽度需适当进行控制，以确保其内部面积足以维持群落稳定性。理查德·福尔曼提出通过改变林地边缘植被结构可以缩短其边缘宽度，该措施可以减少光、热和风的干扰。基于该研究可以确定缓冲区的范围，以减轻边缘效应，如本研究地点应依据PAR的梯度结果［图3-15（e）］在距林地边界10m内种植耐荫植物。此外，前人研究发现，林地边缘宽度与平均树高有关，而本研究中，大多数微气候变量受到林地边缘效应的影响都在15m范围内［图3-15和图3-16］，这与该林地15～20m的平均树高相似。这一结论表明，乔木高度可用于估计林地边缘宽度。

探讨边缘效应对城市林地管理有重要意义，因为微气候变量的梯度特征有助于林地管理者制定保护决策。虽然本研究在场地多样性方面考虑不足，只探讨了一种林冠结构，但其可为改善其他类似的城市林地边缘区提供方法参考。未来研究还应探讨影响边缘效应的其他因素，特别是城市中异质性的景观斑块，如不同的冠层结构、城市林地边界接壤的土地利用类型或林地生境斑块的形态特征等因素。

第四节 结语

人类活动导致了ESs功能及其带给人类福祉的改变，进而引起全球范围内生物多样性丧失、生态系统退化的恶性循环。韩国首尔特别市作为亚洲大都市的典范，其城市化进程中所导致的环境问题也在世界诸多大城市中予以呈现，以上三个研究证实了城市绿地ESs功能研究的必要性，基于多源数据和定量方法的研究路径具有可行性。

首先，绿地的碳储存功能可有效减缓温室效应，这在全球气候变暖的背景下显得尤为重要。第一节研究在韩国首尔市域尺度上探索多种绿地类型的碳储存能力历史变化及其空间分布特点。基于2005年和2015年首尔市的高精度生境数据，运用InVEST模型的碳储存模块对其碳储存量进行估算，可视化定量绿地碳储存量并明确其内部群落碳储存能力的空间分布规律。

其次，鉴于城市化进程中自然栖息地的锐减是导致生物多样性缺失的直接原因，当前保留年份较久的“历史残存栖息地”在城市ESs功能中发挥了重要作用。第二节研究在分区尺度上以首尔南部7个行政区为例，基于4个年份解译后的卫星图像判别城市林地内的历史残存林地斑块，并选取22个城市公园作为样本，运用Fragstats工具和InVEST模型分别计算景观格局指数和生境质量指数，模拟了林地生境质量和影响其变化的主导景观格局因子。研究发现面积对生境单元值的影响具有尺度差异性，相对于较大尺度样本，中小尺度样本的“核心生境”单元值受面积影响较小；同时，生境的景观格局对“核心生境”质量的主导影响可概括为形状因子和聚合因子，且具有显著的线性回归关系。

最后，针对城市林地破碎化促使形成了大量的林地边缘区域，探究林地边缘效应中微气候的变化规律，以期为管理者制定防止林地边缘的扩张，维持其内部群落稳定的策略。第三节研究在局地尺度上探究城市绿地的气候调节作用，选取韩国首尔市冠岳山林地边缘为样点，选取2016年8月的3日连续高温天气，分别对空气温度、相对湿度、土壤温度、土壤湿度以及光合有效辐射（PAR）5项参数进行了监测。结果表明，各参数在边缘效应中的反应特征不同，除土壤水分外的其他微气候参数在日变化中在15m半径内均受边缘效应影响，其中，相对湿度变化波动最大。此外，相对湿度和空气温度计算的边缘宽度在16：00达到峰值。研究结果可为林地管理者在进行城市林地边缘界定时提供参考，进而缓解城市景观格局破碎化。

以上研究结果不仅可为首尔市及其他类似区域的生态保护实践和可持续土地规划与管理提供科学依据，也可为我国城市ESs功能评估和绿地更新策略的制定提供借鉴。当前在我国不断促进自然资源统一管理的国家战略背景下，实现退化生态系统的“整体保护、系统修复、综合治理”，已从过去单一要素的保护修复转变为以多要素构成的国土空间生态修复。同时，基于“一张底图”的自上而下的定量化模式取代了传统以定性为主的规划方法，而当前国土范围内生物多样性和ESs功能的评估由于空间化数据较难获取、时空尺度衔接不足、模型参数和评估指标较难统一等问题，其量化评估阻碍重重，因此，解决上述一系列问题是确保城市环境可持续发展的必要途径。

然而，由于绿地ESs功能指标较多，单个功能指标的估算或者多个指标间的关系及其影响特征的探究仍需在其研究方法和精度上予以优化。本章所列举的研究尚存在一定不足之处，如实地监测样本量有限，以及受限于模型模拟中的各类绿地的碳密度数据不足和生物多样性数据较难获取，只能运用前人相关研究的参数进行间接评估。今后的相关研究应注重新技术的引入，从而鼓励和推动城市绿地ESs功能多尺度和多指标评估。

参考文献

1. 中文文献

学位论文

[1] 刘晓光. 城市绿地系统规划评价指标体系的构建与优化[D]. 南京：南京林业大学，2015.

[2] 黄越. 北京城市绿地鸟类生境规划与营造方法研究[D]. 北京：清华大学，2015.

[3] 夏楚瑜. 基于土地利用视角的多尺度城市碳代谢及“减排”情景模拟研究[D]. 杭州：浙江大学，2019.

[4] 曲超. 生态补偿绩效评价研究[D]. 北京：中国社会科学院研究生院，2020.

[5] 薛兴燕. 基于TM影像和i-Tree模型的郑州市景观格局与城市森林生态效益分析[D]. 郑州：河南农业大学，2015.

[6] 曹先磊. 碳交易视角下人工造林固碳效应价值评价研究[D]. 北京：北京林业大学，2018.

[7] 王立. 重庆主城区常见园林树种及群落的碳汇能力研究[D]. 成都：西南大学，2013.

[8] 卢涛. 岷江上游植物物种多样性与生态系统多样性研究[D]. 咸阳：西北农林科技大学，2006.

期刊

[9] 潘洪义，张琴，李加安，等. 基于动态当量的彝汉交错深度贫困区生态系统服务价值时空演变研究[J]. 生态学报，2020（22）：1-12

[10] 潘玉雪，田瑜，徐靖，等. IPBES 框架下生物多样性和生态系统服务情景和模型方法评估及对我国的影响[J]. 生物多样性，2018，26（1）：89-95.

[11] 彭彩云，田惠，肖玖金，等. 城市不同类型绿地土壤动物群落特征[J]. 云南农业大学学报（自然科学），2018，33（4）：729-736.

[12] 牟长城，倪志英，李东，等. 长白山溪流河岸带森林木本植物多样性沿海拔梯度分布规律[J]. 应用生态学报，2007（5）：945-952.
[13] 穆少杰，周可新，方颖，等. 构建大尺度绿色廊道，保护区域生物多样性[J]. 生物多样性，2014，22（2）：242-249.
[14] 范玉龙，胡楠，丁圣彦，等. 陆地生态系统服务与生物多样性研究进展[J]. 生态学报，2016，36（15）：4583-4593.
[15] 傅伯杰，于丹丹，吕楠. 中国生物多样性与生态系统服务评估指标体系[J]. 生态学报，2017，37（2）：341-348.
[16] 戴尔阜. 生态系统服务权衡：方法、模型与研究框架[J]. 地理研究，2016（35）：1016.
[17] 杜文武，卿腊梅，吴宇航，等. 公园城市理念下森林生态系统服务功能提升[J]. 风景园林，2020，27（10）：43-50.
[18] 杜乐山，生态系统与生物多样性经济学（TEEB）研究进展[J]. 生物多样性，2016. 24（6）：686-693.
[19] 杜乐山，李俊生，刘高慧，等. 生态系统与生物多样性经济学（TEEB）研究进展[J]. 生物多样性，2016，24（6）：686-693.
[20] 杜习乐，吕昌河，王海荣. 土地利用/覆被变化（LUCC）的环境效应研究进展[J]. 土壤，2011，43（3）：350-360.
[21] 杜鹏瑞，杜睿，任伟珊. 城市大气颗粒物毒性效应及机制的研究进展[J]. 中国环境科学，2016，36（9）：2815-2827.
[22] 李芬，李妍菁，赖玉珮. 城市矿山修复生态效益评估研究[J]. 环境保护，2018，46（2）：55-58.
[23] 李晶，李红艳，张良. 关中–天水经济区生态系统服务权衡与协同关系[J]. 生态学报，2016（10）：3053-3062.
[24] 李新宇，赵松婷，郭佳，等. 公园绿地植物配置对大气PM2.5浓度的消减作用及影响因子[J]. 中国园林，2016，32（8）：10-13.
[25] 李姝，喻阳华，袁志敏，等. 碳汇研究综述[J]. 安徽农业科学，2015，43（34）：136-139.
[26] 李双成，王珏，朱文博，等. 基于空间与区域视角的生态系统服务地理学框架[J]. 地理学报，2014，69（11）：1628-1639.
[27] 李双成，张才玉，刘金龙，等. 生态系统服务权衡与协同研究进展及地理学研究议题[J]. 地理研究，2013，32（8）：1379-1390.
[28] 李屹峰，罗跃初，刘纲，等. 土地利用变化对生态系统服务功能的影响：以密云水库流域为例[J]. 生态学报，2013，33（3）：726-736.
[29] 李庆兰，任珺，徐江坤，等. 兰州市城市植被生态系统服务功能价值研究[J]. 环境科学与管理，2008（1）：26-29.
[30] 李晓光，苗鸿，郑华，等. 机会成本法在确定生态补偿标准中的应用——以海南中部山区为例[J]. 生态学报，2009，29（9）：4875-4883.

[31] 李锋，王如松. 城市绿地系统的生态服务功能评价、规划与预测研究——以扬州市为例 [J]. 生态学报，2003，23（9）：1929-1936.

[32] 李锋，王如松. 城市绿色空间生态服务功能研究进展[J]. 应用生态学报，2004，15（3）：527-531.

[33] 李鹍，余庄. 基于气候调节的城市通风道探析[J]. 自然资源学报，2006（6）：991-997.

[34] 刘滨谊，王鹏. 绿地生态网络规划的发展历程与中国研究前沿[J]. 中国园林，2010，26（3）：1-5.

[35] 刘某承. 基于碳足迹的中国能源消费生态安全格局研究[J]. 景观设计学，2016，4（5）：10-17.

[36] 刘世梁，侯笑云，尹艺洁，等. 景观生态网络研究进展[J]. 生态学报，2017，37（12）：3947-3956.

[37] 刘焱序，于丹丹，傅伯杰，等. 生物多样性与生态系统服务情景模拟研究进展[J]. 生态学报，2020，40（17）：5863-5873.

[38] 刘尧，张玉钧，贾倩. 生态系统服务价值评估方法研究[J]. 环境保护，2017，45（6）：64-68.

[39] 林静，张健，杨万勤，等. 岷江下游五通桥段小型集水区大气降水中pH值对重金属含量的影响[J]. 环境科学学报，2016，36（4）：1419-1427.

[40] 干晓宇，陈一，周波. 河流廊道的城市景观生态意义分析——以四川省邛崃市为例[J]. 长江流域资源与环境，2014，23（12）：1678-1683.

[41] 郭高丽，葛英勇，熊毕华，等. 环境与经济综合核算研究初探[J]. 环境科学与管理，2006（5）：7-10.

[42] 郭中伟，甘雅玲. 关于生态系统服务功能的几个科学问题[J]. 生物多样性，2003，11（1）：63-69.

[43] 巩杰，燕玲玲，徐彩仙，等. 近30年来中美生态系统服务研究热点对比分析——基于文献计量研究[J]. 生态学报，2020，40（10）：3537-3547.

[44] 何文捷，金晓玲，胡希军. 德国生境网络规划的发展与启示[J]. 中南林业科技大学学报，2011，31（7）：190-194，208.

[45] 胡海德，李小玉，杜宇飞，等. 生物多样性遥感监测方法研究进展[J]. 生态学杂志，2012，31（6）：1591-1596.

[46] 胡晓倩，李忠武，陈佳，等. 南方红壤丘陵区退耕还林还草工程土壤保持效应评估[J]. 水土保持学报，2020，34（6）：95-100.

[47] 虎帅，张学儒，官冬杰. 基于InVEST模型重庆市建设用地扩张的碳储量变化分析[J]. 水土保持研究，2018，25（3）：323-331.

[48] 霍思高，黄璐，严力蛟. 基于SolVES模型的生态系统文化服务价值评估——以浙江省武义县南部生态公园为例[J]. 生态学报，2018，38（10）：3682-3691.

[49] 黄从红，杨军，张文娟. 生态系统服务功能评估模型研究进展[J]. 生态学杂志，2013. 32（12）：3360-3367.

[50] 黄焕春，运迎霞，苗展堂，等. 城市扩展影响下生态系统服务的多情景模拟和预测：以天津市滨海地区为例[J]. 应用生态学报，2013，24（3）：697-704.

[51] 冀媛媛，罗杰威，王婷. 建立城市绿地植物固碳量计算系统对于营造低碳景观的意义[J]. 中国园林，2016，32（8）：31-35.

[52] 景永才，陈利顶，孙然好. 基于生态系统服务供需的城市群生态安全格局构建框架[J]. 生态学报，2018，38（12）：4121-4131.

[53] 肖玉，谢高地，鲁春霞，等. 基于供需关系的生态系统服务空间流动研究进展[J]. 生态学报，2016，36（10）：3096-3102.

[54] 邢尚军，杜立民，翟建平，等. 黄河三角洲人工林碳汇效应研究[J]. 山东林业科技，2009，39（3）：5-8.

[55] 于丹丹，吕楠，傅伯杰. 生物多样性与生态系统服务评估指标与方法[J]. 生态学报，2017，37（2）：349-357.

[56] 余明泉，袁平成，陈伏生，等. 城市化对湿地松人工林氮素供应的影响[J]. 应用生态学报，2009，3（20）：531 - 536.

[57] 徐溯源，沈清基. 城市生物多样性保护规划理想与实现途径[J]. 现代城市研究，2009（9）：12-18.

[58] 徐文婷，吴炳方. 遥感用于森林生物多样性监测的进展[J]. 生态学报，2005（5）：1199-1204.

[59] 柴一新，祝宁，韩焕金. 城市绿化树种的滞尘效应——以哈尔滨市为例[J]. 应用生态学报，2002（9）：1121-1126.

[60] 周景博，冯相昭. 流域绿色发展路径探索——基于生态系统服务供需平衡的视角[J]. 环境保护，2019，47（21）：48-51.

[61] 周聪惠. 公园绿地规划的“公平性”内涵及衡量标准演进研究[J]. 中国园林，2020，36（12）：52-56.

[62] 朱永官，李刚，张甘霖，等. 土壤安全：从地球关键带到生态系统服务[J]. 地理学报，2015，70（12）：1859-1869.

[63] 宁婷，郭新亚，荣月静，等. 基于RUSLE模型的山西省生态系统土壤保持功能重要性评估[J]. 水土保持通报，2019，39（6）：205-210.

[64] 祝玲玲，顾康康，方云皓. 基于ENVI-met的城市居住区空间形态与PM_（2.5）浓度关联性研究[J]. 生态环境学报，2019，28（8）：1613-1621.

[65] 沈根祥，黄丽华，钱晓雍，潘丹丹，施圣高，M. L. Gullino. 环境友好农业生产方式生态补偿标准探讨——以崇明岛东滩绿色农业示范项目为例[J]. 农业环境科学学报，2009，28（5）：1079-1084.

[66] 沈颜奕，陈星. 城市湖泊生态系统健康评价与修复研究[J]. 水资源与水工程学报，2017，28（2）：82-85.

[67] 程小琴，韩海荣，康峰峰. 山西油松人工林生态系统生物量、碳积累及其分布[J]. 生态学杂志，2012，31（10）：2455-2460.

[68] 邵锋，钱思思，孙丰宾，等. 杭州市区春季绿地对PM2.5消减作用的研究[J]. 风景园林，2017（5）：79-86.

[69] 俞青青，包志毅. 城市生物多样性保护规划认识上的若干问题 [J]. 华中建筑，2006，24（6）：90-91.

[70] 曾祥坤，王仰麟，李贵才. 中国城市水土保持研究综述[J]. 地理科学进展，2010，29（5）：586-592.

[71] 崔亚琴，樊兰英，等. 山西省森林生态系统服务功能评估[J]. 生态学报，2019，39（13）：4732-4740.

[72] 欧阳芳，王丽娜，闫卓，等. 中国农业生态系统昆虫授粉功能量与服务价值评估[J]. 生态学报，2019，39（1）：131-145.

[73] 欧阳志云，王效科，苗鸿. 中国陆地生态系统服务功能及其生态经济价值的初步研究[J]. 生态报，1999（5）：3-5.

[74] 安韶山，李国辉，陈利顶. 宁南山区典型植物根际与非根际土壤微生物功能多样性[J]. 生态学报，2011，31（18）：5225-5234.

[75] 伊锋. 山西太岳山森林碳密度及空间分布格局研究[J]. 山西农业科学，2017，45（11）：1814-1817.

[76] 尹兴，张丽娟，刘学军，等. 河北平原城市近郊农田大气氮沉降特征[J]. 中国农业科学，2017，50（4）：698-710.

[77] 吴楠，高吉喜，苏德毕力格，等. 农作物授粉生态系统服务评估——以丽江老君山地区为例[J]. 生态学报，2010，30（14）：3792-3801.

[78] 吴健生，门・新纳，梁景天，等. 基于基尼系数的生态系统服务供需均衡研究——以广东省为例[J]. 生态学报，2020，40（19）：6812-6820.

[79] 吴中能，于一苏，边艳霞. 合肥主要绿化树种滞尘效应研究初报[J]. 安徽农业科学，2001（6）：780-783.

[80] 汪结明，王良桂，朱柯铖杰，等. 不同园林绿地类型内空气PM2.5浓度的动态变化及其滞尘效应分析[J]. 环境工程，2016，34（7）：120-124.

[81] 王保忠，王彩霞，何平，等. 城市绿地研究综述[J]. 城市规划汇刊，2004（2）：62-68，96.

[82] 王科朴，张语克，刘雪华. 北京城市绿地对大气颗粒物的削减量计算[J]. 环境科学与技术，2020，43（4）：121-129.

[83] 王秀明，刘谞承，龙颖贤，等. 基于改进的InVEST模型的韶关市生态系统服务功能时空变化特征及影响因素[J]. 水土保持研究，2020，27（5）：381-388.

[84] 王亚南，胡荣，周晓丽，等. 多藓种监测大气重金属污染方法改进[J]. 环境科学学报，2019，39（5）：1464-1473.

[85] 王绍强，周成虎，李克让，等. 中国土壤有机碳库及空间分布特征分析[J]. 地理学报，2000（5）：533-544.
[86] 袁锐，李丽莉，李超，等. 六种新烟碱类杀虫剂对凹唇壁蜂的毒性及风险评估[J]. 昆虫学报，2018，61（8）：950-956.
[87] 严岩，朱捷缘，吴钢，等. 生态系统服务需求、供给和消费研究进展[J]. 生态学报，2017，37（8）：2489-2496.
[88] 张景群，苏印泉，康永祥，等. 黄土高原刺槐人工林幼林生态系统碳吸存[J]. 应用生态学报，2009，20（12）：2911-2916.
[89] 张玉阳，周春玲，董运斋，等. 基于i-Tree模型的青岛市南区行道树组成及生态效益分析[J]. 生态学杂志，2013，32（7）：1739-1747.
[90] 杨芳，贺达汉. 生境破碎化对植物-昆虫及昆虫之间相互关系的影响[J]. 昆虫知识，2007（5）：642-646.
[91] 杨园园，戴尔阜，付华. 基于InVEST模型的生态系统服务功能价值评估研究框架[J]. 首都师范大学学报：自然科学版，2012，33（3）：41-47.
[92] 杨晓明，戴小杰，田思泉，等. 中西太平洋鲣鱼围网渔业资源的热点分析和空间异质性[J]. 生态学报，2014，34（13）：3771-3778.
[93] 许仲林，彭焕华，彭守璋. 物种分布模型的发展及评价方法[J]. 生态学报，2015，35（2）：557-567.
[94] 许凯扬，叶万辉. 生态系统健康与生物多样性[J]. 生态科学，2002，21（3）：279-283.
[95] 谢高地，甄霖，鲁春霞，等. 一个基于专家知识的生态系统服务价值化方法[J]. 自然资源学报，2008，23（5）：911-919.
[96] 贾建辉，陈建耀，龙晓君，等. 水电开发对河流生态系统服务的效应评估与时空变化特征分析——以武江干流为例[J]. 自然资源学报，2020，35（9）：2163-2176.
[97] 赵琪琪，李晶，刘婧雅，等. 基于SolVES模型的关中——天水经济区生态系统文化服务评估[J]. 生态学报，2018，38（10）：3673-3681.
[98] 赵士洞，张永民. 生态系统与人类福祉——千年生态系统评估的成就、贡献和展望[J]. 地球科学进展，2006，21（9）：895-902.
[99] 闫水玉，赵柯，邢忠. 美国、欧洲、中国都市区生态廊道规划方法比较研究[J]. 国际城市规划，2010，25（2）：91-96.
[100] 陈宝明，李静，彭少麟，等. 中国南方丹霞地貌区植物群落与生态系统类型多样性初探[J]. 生态环境，2008（3）：1058-1062.
[101] 陈明，戴菲，傅凡，等. 大气颗粒物污染视角下的城市街区健康规划策略[J]. 中国园林，2019，35（6）：34-38.
[102] 陈龙，谢高地，盖力强，等. 道路绿地消减噪声服务功能研究——以北京市为例[J]. 自然资源学报. 2011（9）：1526-1534.

[103] 陈文波，肖笃宁，李秀珍. 景观指数分类、应用及构建研究[J]. 应用生态学报，2002（1）：121-125.
[104] 韩依纹，李英男，李方正. 城市绿地景观格局对“核心生境”质量的影响探究[J]. 风景园林，2020，27（2）：83-87.
[105] 韩依纹，戴菲. 城市绿色空间的生态系统服务功能研究进展：指标、方法与评估框架[J]. 中国园林，2018，34（10）：55-60.
[106] 顾康康，钱兆，方云皓，等. 基于ENVI-met的城市道路绿地植物配置对PM_（2.5）的影响研究[J]. 生态学报，2020，40（13）：4340-4350.
[107] 马琳，刘浩，彭建，等. 生态系统服务供给和需求研究进展[J]. 地理学报，2017，72（7）：1277-1289.
[108] 马宁，何兴元，石险峰，等. 基于i-Tree模型的城市森林经济效益评估[J]. 生态学杂志，2011，30（4）：810-817.

专著

[109] [美] 理查德·福尔曼. 城市生态学——城市之科学[M]. 北京：高等教育出版社，2017.
[110] 戴菲，胡剑双. 绿道研究与规划设计[M]. 北京：中国建筑工业出版社，2013.
[111] 徐文辉. 城市园林绿地系统规划（第三版）[M]. 武汉：华中科技大学出版社，2016.
[112] 俞孔坚，李迪华. 城市景观之路：与市长交流[M]. 北京：中国建筑工业出版社，2003.
[113] 钱迎倩，马克平. 生物多样性研究的原理与方法[M]. 北京：中国科学技术出版社，1994.

2. 英文文献

政府报告

[1] Government, S. M. Land use map[DB/OL]. Seoul Metropolian Government,2015. http://gis. seoul. go. kr/SeoulGis.
[2] Government, S. M., Seoul Urban Planning, U. P. B. Advisory Group for Urban Planning, Editor[G]. Mayor Park Won Soon,2016.
[3] KARKI M, SENARATNA SELLAMUTTU S, OKAYASU S, SUZUKI W. (eds). IPBES (2018): The IPBES regional assessment report on biodiversity and ecosystem services for Asia and the Pacific[EB]. Secretariat of the Intergovernmental Science-Policy Platform on Biodiversity and Ecosystem Services, Bonn, Germany, 2018. 612 pages. https://doi. org/10. 5281/zenodo. 3237373.

[4] Korea Meteorological Administration[EB/OL]. 2018. http://www. kma. go. kr.

[5] MCGARIGAL K, CUSHMAN S A, NEEL M C & ENE E. FRAGSTATS: spatial pattern analysis program for categorical maps[CP]. 2002.

[6] National Construction Research Institute, M. o. C. 土地利用現況圖/建設部; 國立地理院 [공편]. 1-8卷[G]. Korea: The National Construction Research Institute, Ministry of Construction,1972.

[7] SHARP, R., H. TALLIS, T. RICKETTS, A. GUERRY, S. WOOD, R. CHAPLIN-KRAMER, E. NELSON, D. ENNAANAY, S. WOLNY & N. OLWERO. InVEST user's guide[EB]. The Natural Capital Project, Stanford, 2014.

[8] SHERROUSE B C, SEMMENS D J. Social values for Ecosystem services, version 3. 0 (SolVES 3.0)-documentation and user manual[R]. Open-File Report 2015- 1008, Reston, Virginia: U. S. Geological Survey, 2015.

[9] TALLIS, H. T., RICKETTS, T., GUERRY, A. D., WOOD, S. A., SHARP, R., NELSON, E., ENNAANAY, D.,WOLNY, S., OLWERO, N., VIGERSTOL, K., PENNINGTON, D., MENDOZA, G., AUKEMA, J., FOSTER, J., FORREST, J., CAMERON, D., ARKEMA, K., LONSDORF, E., KENNEDY, C.,VERUTES, G., KIM, C. K., GUANNEL, G., PAPENFUS, M., TOFT, J., MARSIK, M., BERNHARDT, J.,GRIFFIN, G., GLOWINSKI, K., CHAUMONT, N., PERELMAN, A., LACAYO, M., MANDLE, L.,GRIFFIN, R., HAMEL, P., CHAPLIN-KRAMER, R., InVEST 2. 6. 0 User's Guide[R]. The Natural Capital Project, Stanford, 2013.

[10] USEPA. Reducing Stormwater Costs through Low Impact Development (LID) Strategies and Practices[EB/OL]. http://www. epa. gov/nps/lid, 2007-08-25.

著作

[11] BANASZAK J. Ecological bases of conservation of wild bees[M]. London, UK: The conservation of bees Academic Press,1996.

[12] DAILY G C. Nature's Service: Societal Dependence on Natural Ecosystems[M]. Washington D C: Island Press, 1997.

[13] FORMAN R T. Land Mosaics: The Ecology of Landscapes and Regions[M]. Berlin, Germany: Springer,1995.

[14] HANSSON L, FAHRIG L & MERRIAM G. Mosaic landscapes and ecological processes[M]. Berlin, Germany: Springer Science & Business Media,2012.

[15] HUNTER M L. Maintaining biodiversity in forest ecosystems[M]. London, UK: Cambridge university press,1999.

期刊

[16] ALBERTI M. The effects of urban patterns on ecosystem function[J]. International regional science review, 2005, 28(2): 168-192.

[17] ALVEY A A. Promoting and preserving biodiversity in the urban forest[J]. Urban forestry & urban greening, 2006, 5(4): 195-201.

[18] ANDREN H. Effects of habitat fragmentation on birds and mammals in landscapes with different proportions of suitable habitat: a review[J]. Oikos, 1994, 71(3): 355-366.

[19] ANSELIN L. Local indicators of spatial association—LISA[J]. Geographical analysis, 1995, 27(2): 93-115.

[20] ASAKAWA S, YOSHIDA K, YABE K. Perceptions of urban stream corridors within the greenway system of Sapporo, Japan[J]. Landscape and urban planning, 2004, 68(2-3): 167-182.

[21] BÁLDI A. Microclimate and vegetation edge effects in a reedbed in Hungary[J]. Biodiversity & Conservation, 1999, 8(12): 1697-1706.

[22] BLAIR R B, JOHNSON E M. Suburban habitats and their role for birds in the urban–rural habitat network: points of local invasion and extinction?[J]. Landscape Ecology, 2008, 23(10): 1157-1169.

[23] BLAZQUEZ-CABRERA S, BODIN Ö, SAURA S. Indicators of the impacts of habitat loss on connectivity and related conservation priorities: Do they change when habitat patches are defined at different scales?[J]. Ecological indicators, 2014, 45: 704-716.

[24] BOUMANS R, COSTANZA R, FARLEY J, ET AL. Modeling the dynamics of the integrated earth system and the value of global ecosystem services using the GUMBO model[J]. Ecological economics, 2002, 41(3): 529-560.

[25] BRAUNOVIĆ S, RATKNIĆ M. The endangerment of the ecosystem diversity of Grdelichka Gorge and Vranjska Basin [Serbia] owning to the anthropogenic factor[J]. Sustainable Forestry: Collection, 2010, (61-62): 41-53.

[26] BROSI J M, KOOS C, ANDREANI L C, ET AL. High-speed low-voltage electro-optic modulator with a polymer-infiltrated silicon photonic crystal waveguide[J]. Optics Express, 2008, 16(6): 4177-4191.

[27] BROWN R R, KEATH N, WONG T H F. Urban water management in cities: historical, current and future regimes[J]. Water science and technology,

2009, 59(5): 847-855.

[28] CAMARGO J L C, KAPOS V. Complex edge effects on soil moisture and microclimate in central Amazonian forest[J]. Journal of Tropical Ecology, 1995: 205-221.

[29] CANE J H. Habitat fragmentation and native bees: a premature verdict?[J]. Conservation Ecology, 2001, 5(1).

[30] CARPINTERO S, REYES - LÓPEZ J. Effect of park age, size, shape and isolation on ant assemblages in two cities of S outhern S pain[J]. Entomological Science, 2014, 17(1): 41-51.

[31] CETIN M, SEVIK H. Evaluating the recreation potential of Ilgaz Mountain National Park in Turkey[J]. Environmental monitoring and assessment, 2016, 188(1): 52.

[32] CHAZDON R L. Tropical forest recovery: legacies of human impact and natural disturbances[J]. Perspectives in Plant Ecology, evolution and systematics, 2003, 6(1-2): 51-71.

[33] CHEEK B D, GRABOWSKI T B, BEAN P T, ET AL. Evaluating habitat associations of a fish assemblage at multiple spatial scales in a minimally disturbed stream using low-cost remote sensing[J]. Aquatic Conservation: Marine and Freshwater Ecosystems, 2016, 26(1): 20-34.

[34] CHEN J, FRANKLIN J F, SPIES T A. Growing - season microclimatic gradients from clearcut edges into old - growth Douglas - fir forests[J]. Ecological applications, 1995, 5(1): 74-86.

[35] CHIANG L C, LIN Y P, HUANG T, ET AL. Simulation of ecosystem service responses to multiple disturbances from an earthquake and several typhoons[J]. Landscape and Urban Planning, 2014, 122: 41-55.

[36] COSTANZA R, D’ARGE R, DE GROOT R, ET AL. The value of the world’s ecosystem services and natural capital[J]. nature, 1997, 387(6630): 253-260.

[37] DADE M C, MITCHELL M G E, BROWN G, ET AL. The effects of urban greenspace characteristics and socio-demographics vary among cultural ecosystem services[J]. Urban Forestry & Urban Greening, 2020, 49: 126641.

[38] DALLIMER M, DAVIES Z G, DIAZ-PORRAS D F, ET AL. Historical influences on the current provision of multiple ecosystem services[J]. Global Environmental Change, 2015, 31: 307-317.

[39] DAVIES Z G, EDMONDSON J L, HEINEMEYER A, ET AL. Mapping an urban ecosystem service: quantifying above - ground carbon storage at a city - wide scale[J]. Journal of applied ecology, 2011, 48(5): 1125-1134.

[40] DAVIES-COLLEY R J, PAYNE G W, VAN ELSWIJK M. Microclimate

gradients across a forest edge[J]. New Zealand Journal of Ecology, 2000: 111-121.

[41] DE GROOT R S, WILSON M A, BOUMANS R M J. A typology for the classification, description and valuation of ecosystem functions, goods and services[J]. Ecological economics, 2002, 41(3): 393-408.

[42] DEARING J A, YANG X, DONG X, ET AL. Extending the timescale and range of ecosystem services through paleoenvironmental analyses, exemplified in the lower Yangtze basin[J]. Proceedings of the National Academy of Sciences, 2012, 109(18): E1111-E1120.

[43] DENG X, LI Z, HUANG J, ET AL. A revisit to the impacts of land use changes on the human wellbeing via altering the ecosystem provisioning services[J]. Advances in Meteorology, 2013.

[44] DENNIS M, JAMES P. Site-specific factors in the production of local urban ecosystem services: A case study of community-managed green space[J]. Ecosystem Services, 2016, 17: 208-216.

[45] DENYER K, BURNS B, OGDEN J. Buffering of native forest edge microclimate by adjoining tree plantations[J]. Austral Ecology, 2006, 31(4): 478-489.

[46] DERKZEN M L, VAN TEEFFELEN A J A, VERBURG P H. Quantifying urban ecosystem services based on high - resolution data of urban green space: an assessment for Rotterdam, the Netherlands[J]. Journal of Applied Ecology, 2015, 52(4): 1020-1032.

[47] DERKZEN M L, VAN TEEFFELEN A J A, VERBURG P H. Quantifying urban ecosystem services based on high - resolution data of urban green space: an assessment for Rotterdam, the Netherlands[J]. Journal of Applied Ecology, 2015, 52(4): 1020-1032.

[48] DIDHAM R K, KAPOS V, EWERS R M. Rethinking the conceptual foundations of habitat fragmentation research[J]. Oikos, 2012, 121(2): 161-170.

[49] DONALDSON J, NÄNNI I, ZACHARIADES C, ET AL. Effects of habitat fragmentation on pollinator diversity and plant reproductive success in renosterveld shrublands of South Africa[J]. Conservation Biology, 2002, 16(5): 1267-1276.

[50] DOVČIAK M, BROWN J. Secondary edge effects in regenerating forest landscapes: vegetation and microclimate patterns and their implications for management and conservation[J]. New forests, 2014, 45(5): 733-744.

[51] DRINNAN I N. The search for fragmentation thresholds in a southern Sydney suburb[J]. Biological conservation, 2005, 124(3): 339-349.

[52] EGOH B, REYERS B, ROUGET M, ET AL. Mapping ecosystem services for planning and management[J]. Agriculture, Ecosystems & Environment, 2008, 127(1-2): 135-140.

[53] ERIKSSON O. Regional dynamics of plants: a review of evidence for remnant, source-sink and metapopulations[J]. Oikos, 1996: 248-258.

[54] EWERS R M, DIDHAM R K. Confounding factors in the detection of species responses to habitat fragmentation[J]. Biological reviews, 2006, 81(1): 117-142.

[55] FAGERHOLM N, KÄYHKÖ N, NDUMBARO F, ET AL. Community stakeholders' knowledge in landscape assessments–Mapping indicators for landscape services[J]. Ecological Indicators, 2012, 18: 421-433.

[56] FAHEY R T, CASALI M. Distribution of forest ecosystems over two centuries in a highly urbanized landscape[J]. Landscape and Urban planning, 2017, 164: 13-24.

[57] FAHEY R T, CASALI M. Distribution of forest ecosystems over two centuries in a highly urbanized landscape[J]. Landscape and Urban planning, 2017, 164: 13-24.

[58] FEARER T M, PRISLEY S P, STAUFFER D F, ET AL. A method for integrating the Breeding Bird Survey and Forest Inventory and Analysis databases to evaluate forest bird–habitat relationships at multiple spatial scales[J]. Forest Ecology and Management, 2007, 243(1): 128-143.

[59] FISCHER J, LINDENMAYER D B. Small patches can be valuable for biodiversity conservation: two case studies on birds in southeastern Australia[J]. Biological conservation, 2002, 106(1): 129-136.

[60] FORMAN R T T. Some general principles of landscape and regional ecology[J]. Landscape ecology, 1995, 10(3): 133-142.

[61] FRANKLIN J F, FORMAN R T T. Creating landscape patterns by forest cutting: ecological consequences and principles[J]. Landscape ecology, 1987, 1(1): 5-18.

[62] GAO Y, MA L, LIU J, ET AL. Constructing ecological networks based on habitat quality assessment: a case study of Changzhou, China[J]. Scientific reports, 2017, 7(1): 1-11.

[63] GARIBALDI L A, STEFFAN-DEWENTER I, WINFREE R, ET AL. Wild pollinators enhance fruit set of crops regardless of honey bee abundance[J]. science, 2013, 339(6127): 1608-1611.

[64] GEHLHAUSEN S M, SCHWARTZ M W, AUGSPURGER C K. Vegetation and microclimatic edge effects in two mixed-mesophytic forest fragments[J]. Plant Ecology, 2000, 147(1): 21-35.

[65] GIMONA A, MESSAGER P, OCCHI M. CORINE-based landscape indices weakly correlate with plant species richness in a northern European landscape transect[J]. Landscape Ecology, 2009, 24(1): 53-64.

[66] GÖTMARK F, THORELL M. Size of nature reserves: densities of large trees and dead wood indicate high value of small conservation forests in southern Sweden[J]. Biodiversity & Conservation, 2003, 12(6): 1271-1285.

[67] GUO Z W, ZHANG L, LI Y M. Increased dependence of humans on ecosystem services and biodiversity[J]. PloS one, 2010, 5(10): e13113.

[68] HADDAD N M, BRUDVIG L A, CLOBERT J, ET AL. Habitat fragmentation and its lasting impact on Earth's ecosystems[J]. Science advances, 2015, 1(2): e1500052.

[69] HAMBERG L, LEHVÄVIRTA S, KOTZE D J. Forest edge structure as a shaping factor of understorey vegetation in urban forests in Finland[J]. Forest Ecology and Management, 2009, 257(2): 712-722.

[70] HAN Y, KANG W, SONG Y. Mapping and quantifying variations in ecosystem services of urban green spaces: a test case of carbon sequestration at the district scale for Seoul, Korea (1975–2015)[J]. International Review for Spatial Planning and Sustainable Development, 2018, 6(3): 110-120.

[71] HAN Y, SONG Y, BURNETTE L, ET AL. Spatiotemporal analysis of the formation of informal settlements in a metropolitan fringe: Seoul (1950—2015)[J]. Sustainability, 2017, 9(7): 1190.

[72] HARRISON S, DAVIES K F, SAFFORD H D, ET AL. Beta diversity and the scale - dependence of the productivity - diversity relationship: a test in the Californian serpentine flora[J]. Journal of Ecology, 2006, 94(1): 110-117.

[73] HE C, ZHANG D, HUANG Q, ET AL. Assessing the potential impacts of urban expansion on regional carbon storage by linking the LUSD-urban and InVEST models[J]. Environmental Modelling & Software, 2016, 75: 44-58.

[74] HE C, ZHANG D, HUANG Q, ET AL. Assessing the potential impacts of urban expansion on regional carbon storage by linking the LUSD-urban and InVEST models[J]. Environmental Modelling & Software, 2016, 75: 44-58.

[75] HEITHECKER T D, HALPERN C B. Edge-related gradients in microclimate in forest aggregates following structural retention harvests in western Washington[J]. Forest Ecology and Management, 2007, 248(3): 163-173.

[76] HENDRICKX F, MAELFAIT J P, VAN WINGERDEN W, ET AL. How landscape structure, land - use intensity and habitat diversity affect components of total arthropod diversity in agricultural landscapes[J]. Journal of Applied Ecology, 2007, 44(2): 340-351.

[77] HOLDREN J P, EHRLICH P R. Human Population and the Global Environment: Population growth, rising per capita material consumption, and disruptive technologies have made civilization a global ecological force[J]. American scientist, 1974, 62(3): 282-292.

[78] HONG S K, SONG I J, KIM H O, ET AL. Landscape pattern and its effect on ecosystem functions in Seoul Metropolitan area: Urban ecology on distribution of the naturalized plant species[J]. Journal of Environmental Sciences, 2003, 15(2): 199-204.

[79] HUTYRA L R, YOON B, HEPINSTALL-CYMERMAN J, ET AL. Carbon consequences of land cover change and expansion of urban lands: A case study in the Seattle metropolitan region[J]. Landscape and Urban Planning, 2011, 103(1): 83-93.

[80] JANZEN D H. Management of habitat fragments in a tropical dry forest: growth[J]. Annals of the Missouri botanical garden, 1988: 105-116.

[81] JIANG W, DENG Y, TANG Z, ET AL. Modelling the potential impacts of urban ecosystem changes on carbon storage under different scenarios by linking the CLUE-S and the InVEST models[J]. Ecological Modelling, 2017, 345: 30-40.

[82] JO H K, KIM J Y, PARK H M. Carbon reduction and planning strategies for urban parks in Seoul[J]. Urban Forestry & Urban Greening, 2019, 41: 48-54.

[83] JO H K. Impacts of urban greenspace on offsetting carbon emissions for middle Korea[J]. Journal of environmental management, 2002, 64(2): 115-126.

[84] JUNTTI M, LUNDY L. A mixed methods approach to urban ecosystem services: Experienced environmental quality and its role in ecosystem assessment within an inner-city estate[J]. Landscape and Urban Planning, 2017, 161: 10-21.

[85] KEENAN R J, KIMMINS J P. The ecological effects of clear-cutting[J]. Environmental Reviews, 1993, 1(2): 121-144.

[86] KIM M, CHANG S I, SEONG J C, ET AL. Road traffic noise: annoyance, sleep disturbance, and public health implications[J]. American journal of preventive medicine, 2012, 43(4): 353-360.

[87] KIM Y S, YI M J, LEE Y Y, ET AL. Estimation of carbon storage, carbon inputs, and soil CO_2 efflux of alder plantations on granite soil in central Korea: comparison with Japanese larch plantation[J]. Landscape and ecological engineering, 2009, 5(2): 157-166.

[88] KREMEN C, WILLIAMS N M, AIZEN M A, ET AL. Pollination and other ecosystem services produced by mobile organisms: a conceptual framework

for the effects of land - use change[J]. Ecology letters, 2007, 10(4): 299-314.
[89] KREMEN C. The value of pollinator species diversity[J]. Science, 2018, 359(6377): 741-742.
[90] LÄHTEENOJA O, PAGE S. High diversity of tropical peatland ecosystem types in the Pastaza - Marañón basin, Peruvian Amazonia[J]. Journal of Geophysical Research: Biogeosciences, 2011, 116(G2):2-25.
[91] LEE G G, LEE H W, LEE J H. Greenhouse gas emission reduction effect in the transportation sector by urban agriculture in Seoul, Korea[J]. Landscape and Urban Planning, 2015, 140: 1-7.
[92] LEVEAU L M, LEVEAU C M. Street design in suburban areas and its impact on bird communities: Considering different diversity facets over the year[J]. Urban Forestry & Urban Greening, 2020, 48: 126578.
[93] LI C, ZHAO J, THINH N X, ET AL. Assessment of the effects of urban expansion on terrestrial carbon storage: A case study in Xuzhou City, China[J]. Sustainability, 2018, 10(3): 647.
[94] LI T, CUI Y, LIU A. Spatiotemporal dynamic analysis of forest ecosystem services using “big data” : A case study of Anhui province, central-eastern China[J]. Journal of cleaner production, 2017, 142: 589-599.
[95] LI T, REN B, WANG D, ET AL. Spatial variation in the storages and age-related dynamics of forest carbon sequestration in different climate zones—evidence from black locust plantations on the Loess Plateau of China[J]. PloS one, 2015, 10(3): e0121862.
[96] MA L, SUN R, KAZEMI E, ET AL. Evaluation of ecosystem services in the Dongting Lake wetland[J]. Water, 2019, 11(12): 2564.
[97] MARGARITIS E, KANG J. Relationship between urban green spaces and other features of urban morphology with traffic noise distribution[J]. Urban forestry & urban greening, 2016, 15: 174-185.
[98] MARTÍNEZ-HARMS M J, BALVANERA P. Methods for mapping ecosystem service supply: a review[J]. International Journal of Biodiversity Science, Ecosystem Services & Management, 2012, 8(1-2): 17-25.
[99] MARTÍNEZ-HARMS M J, BALVANERA P. Methods for mapping ecosystem service supply: a review[J]. International Journal of Biodiversity Science, Ecosystem Services & Management, 2012, 8(1-2): 17-25.
[100] MATLACK G R. Microenvironment variation within and among forest edge sites in the eastern United States[J]. Biological conservation, 1993, 66(3): 185-194.
[101] MCDONNELL M J, PICKETT S T A, GROFFMAN P, ET AL. Ecosystem processes along an urban-to-rural gradient[M]//Urban Ecology. Springer,

Boston, MA, 2008: 299-313.

[102] MCKINNEY M L. Urbanization as a major cause of biotic homogenization[J]. Biological conservation, 2006, 127(3): 247-260.

[103] MCKINNEY M L. Urbanization, Biodiversity, and Conservation The impacts of urbanization on native species are poorly studied, but educating a highly urbanized human population about these impacts can greatly improve species conservation in all ecosystems[J]. Bioscience, 2002, 52(10): 883-890.

[104] MCKINNEY M L. Urbanization, Biodiversity, and ConservationThe impacts of urbanization on native species are poorly studied, but educating a highly urbanized human population about these impacts can greatly improve species conservation in all ecosystems[J]. Bioscience, 2002, 52(10): 883-890.

[105] MCPHERSON E G. Atmospheric carbon dioxide reduction by Sacramento's urban forest[J]. Journal of Arboriculture. 24 (4): 215-223., 1998, 24(4): 215-223.

[106] MEEHL G A, TEBALDI C. More intense, more frequent, and longer lasting heat waves in the 21st century[J]. Science, 2004, 305(5686): 994-997.

[107] MILLAR R B, ANDERSON M J, ZUNUN G. Fitting nonlinear environmental gradients to community data: A general distance - based approach[J]. Ecology, 2005, 86(8): 2245-2251.

[108] MITCHELL M G E, BENNETT E M, GONZALEZ A. Strong and nonlinear effects of fragmentation on ecosystem service provision at multiple scales[J]. Environmental Research Letters, 2015, 10(9): 094014.

[109] MORSE R A, CALDERONE N W. The value of honey bees as pollinators of US crops in 2000[J]. Bee culture, 2000, 128(3): 1-15.

[110] MUCCI N, TRAVERSINI V, LORINI C, ET AL. Urban Noise and Psychological Distress: A Systematic Review[J]. International Journal of Environmental Research and Public Health, 2020, 17(18): 6621.

[111] MURCIA C. Edge effects in fragmented forests: implications for conservation[J]. Trends in ecology & evolution, 1995, 10(2): 58-62.

[112] NETER J, JOHNSON J R, LEITCH R A. Characteristics of dollar-unit taints and error rates in accounts receivable and inventory[J]. Accounting Review, 1985: 488-499.

[113] NOWAK D J, CRANE D E, STEVENS J C. Air pollution removal by urban trees and shrubs in the United States[J]. Urban forestry & urban greening, 2006, 4(3-4): 115-123.

[114] OH K. Visual threshold carrying capacity (VTCC) in urban landscape management: A case study of Seoul, Korea[J]. Landscape and urban

planning, 1998, 39(4): 283-294.

[115] OUBRAHIM H, BOULMANE M, BAKKER M R, ET AL. Carbon storage in degraded cork oak (Quercus suber) forests on flat lowlands in Morocco[J]. iForest: Biogeosciences and Forestry, 2016, 9: 125-137.

[116] PITHER R, KELLMAN M. Tree species diversity in small, tropical riparian forest fragments in Belize, Central America[J]. Biodiversity & Conservation, 2002, 11(9): 1623-1636.

[117] PLIENINGER T, DIJKS S, OTEROS-ROZAS E, ET AL. Assessing, mapping, and quantifying cultural ecosystem services at community level[J]. Land use policy, 2013, 33: 118-129.

[118] POLASKY S, NELSON E, PENNINGTON D, ET AL. The impact of land-use change on ecosystem services, biodiversity and returns to landowners: a case study in the state of Minnesota[J]. Environmental and Resource Economics, 2011, 48(2): 219-242.

[119] PULIGHE G, FAVA F, LUPIA F. Insights and opportunities from mapping ecosystem services of urban green spaces and potentials in planning[J]. Ecosystem services, 2016, 22: 1-10.

[120] RAMALHO C E, LALIBERTÉ E, POOT P, ET AL. Complex effects of fragmentation on remnant woodland plant communities of a rapidly urbanizing biodiversity hotspot[J]. Ecology, 2014, 95(9): 2466-2478.

[121] RAYNOR G S. Wind and temperature structure in a coniferous forest and a contiguous field[J]. Forest Science, 1971, 17(3): 351-363.

[122] REED R A, JOHNSON-BARNARD J, BAKER W L. Fragmentation of a forested Rocky Mountain landscape, 1950–1993[J]. Biological conservation, 1996, 75(3): 267-277.

[123] RIITTERS K H, O'NEILL R V, HUNSAKER C T, ET AL. A factor analysis of landscape pattern and structure metrics[J]. Landscape ecology, 1995, 10(1): 23-39.

[124] SAUNDERS D A, HOBBS R J, MARGULES C R. Biological consequences of ecosystem fragmentation: a review[J]. Conservation biology, 1991, 5(1): 18-32.

[125] SCHAAP M G, BOUTEN W, VERSTRATEN J M. Forest floor water content dynamics in a Douglas fir stand[J]. Journal of Hydrology, 1997, 201(1-4): 367-383.

[126] SCHIRPKE U, SCOLOZZI R, DEAN G, ET AL. Cultural ecosystem services in mountain regions: Conceptualising conflicts among users and limitations of use[J]. Ecosystem Services, 2020, 46: 101210.

[127] SCHMIDT M, JOCHHEIM H, KERSEBAUM K C, ET AL. Gradients

of microclimate, carbon and nitrogen in transition zones of fragmented landscapes–a review[J]. Agricultural and Forest Meteorology, 2017, 232: 659-671.

[128] SCHWARTZ M W. Choosing the appropriate scale of reserves for conservation[J]. Annual Review of Ecology and Systematics, 1999, 30(1): 83-108.

[129] SHAFER C L. Values and shortcomings of small reserves[J]. BioScience, 1995, 45(2): 80-88.

[130] SITZIA T, CAMPAGNARO T, WEIR R G. Novel woodland patches in a small historical Mediterranean city: Padova, Northern Italy[J]. Urban ecosystems, 2016, 19(1): 475-487.

[131] SONG I J, HONG S K, KIM H O, ET AL. The pattern of landscape patches and invasion of naturalized plants in developed areas of urban Seoul[J]. Landscape and urban planning, 2005, 70(3-4): 205-219.

[132] SONG W, KIM E. Landscape factors affecting the distribution of the great tit in fragmented urban forests of Seoul, South Korea[J]. Landscape and Ecological Engineering, 2016, 12(1): 73-83.

[133] SONG X, WU Q, YU D, ET AL. Noise-reduction function and its affecting factors of plant communities[J]. Journal of Environmental Science International, 2016, 25(10): 1407-1415.

[134] STROHBACH M W, HAASE D. Above-ground carbon storage by urban trees in Leipzig, Germany: Analysis of patterns in a European city[J]. Landscape and Urban Planning, 2012, 104(1): 95-104.

[135] STROHBACH M W, LERMAN S B, WARREN P S. Are small greening areas enhancing bird diversity? Insights from community-driven greening projects in Boston[J]. Landscape and Urban Planning, 2013, 114: 69-79.

[136] SYRBE R U, WALZ U. Spatial indicators for the assessment of ecosystem services: providing, benefiting and connecting areas and landscape metrics[J]. Ecological indicators, 2012, 21: 80-88.

[137] TAO Y, LI F, LIU X, ET AL. Variation in ecosystem services across an urbanization gradient: A study of terrestrial carbon stocks from Changzhou, China[J]. Ecological Modelling, 2015, 318: 210-216.

[138] TERRADO M, SABATER S, CHAPLIN-KRAMER B, ET AL. Model development for the assessment of terrestrial and aquatic habitat quality in conservation planning[J]. Science of the total environment, 2016, 540: 63-70.

[139] TERRADO M, SABATER S, CHAPLIN-KRAMER B, ET AL. Model development for the assessment of terrestrial and aquatic habitat quality

in conservation planning[J]. Science of the total environment, 2016, 540: 63-70.

[140] TIAN T, TU X. The ecological security pattern of China's energy consumption based on carbon footprint[J]. Landscape Architecture Frontiers, 2016, 4(5): 10-18.

[141] TURNER I M, CORLETT R T. The conservation value of small, isolated fragments of lowland tropical rain forest[J]. Trends in ecology & evolution, 1996, 11(8): 330-333.

[142] VAN BERKEL D B, VERBURG P H. Spatial quantification and valuation of cultural ecosystem services in an agricultural landscape[J]. Ecological indicators, 2014, 37: 163-174.

[143] VIEIRA J, MATOS P, MEXIA T, ET AL. Green spaces are not all the same for the provision of air purification and climate regulation services: The case of urban parks[J]. Environmental Research, 2018, 160: 306-313.

[144] VILLASEÑOR N R, BLANCHARD W, LINDENMAYER D B. Decline of forest structural elements across forest–urban interfaces is stronger with high rather than low residential density[J]. Basic and applied ecology, 2016, 17(5): 418-427.

[145] VILLASEÑOR N R, BLANCHARD W, LINDENMAYER D B. Decline of forest structural elements across forest–urban interfaces is stronger with high rather than low residential density[J]. Basic and applied ecology, 2016, 17(5): 418-427.

[146] WASIE D, YIMER F, ALEM S. Effect of Integrated Soil and Water Conservation Practices on Vegetation Cover Change and Soil Loss Reduction in Southern Ethiopia[J]. American Journal of Environmental Protection, 2020, 9(3): 49-55.

[147] WESTMAN W E. How much are nature's services worth?[J]. Science, 1977, 197(4307): 960-964.

[148] WINFREE R, REILLY J R, BARTOMEUS I, ET AL. Species turnover promotes the importance of bee diversity for crop pollination at regional scales[J]. Science, 2018, 359(6377): 791-793.

[149] WRIGHT T E, KASEL S, TAUSZ M, ET AL. Edge microclimate of temperate woodlands as affected by adjoining land use[J]. Agricultural and Forest Meteorology, 2010, 150(7-8): 1138-1146.

[150] WU J. Key concepts and research topics in landscape ecology revisited: 30 years after the Allerton Park workshop[J]. Landscape ecology, 2013, 28(1): 1-11.

[151] YOUNG R F. Managing municipal green space for ecosystem services[J].

Urban forestry & urban greening, 2010, 9(4): 313-321.

[152] ZHANG W, HUANG B, LUO D. Effects of land use and transportation on carbon sources and carbon sinks: A case study in Shenzhen, China[J]. Landscape and Urban Planning, 2014, 122: 175-185.

[153] ZHIYANSKI M, GLUSHKOVA M. Carbon storage in selected European chestnut (Castanea sativa Mill.) ecosystems in Belasitsa Mountain, SW Bulgaria[J]. Silva, 2013, 14(1): 60-75.

后记

本书在写作过程中得到了很多的支持与帮助，首先要感谢的是一生操劳但有着强大内心的我的母亲韩兴青女士和从小对我宠溺有加、已在天堂安息的我的姥爷，以及其他家庭成员给予的支持。家人在我求学过程中给予了强大的精神鼓励，为了不打扰我的求学生活，虽已过而立之年，但生活琐碎之事从未让我分心。

其次，感谢我的母校首尔大学的栽培，作为韩国“第一学府”提供给我了很多学术资源和交流机会，并在此遇到了将会相伴一生的老师、同学和朋友们。我的博士生导师，首尔大学环境大学院造境工学的宋泳根（Youngkeun Song）教授，他为人亲和，对学生们具有强大的包容心，感谢他愿意接收我作为他的第一个博士生，在我课程学习、研究选题以及实验室生活中的所有收获和快乐都源自于他的支持。宋（Song）教授还促成了我在2016~2018年加入“BK21+”研究项目（首尔大学景观建筑学跨学科项目，创新绿色基础设施全球领导计划），此项目支持了我的博士研究中的成果出版、国际学会交流，以及提供了到东京大学的交换机会，并有幸得到了我的客座导师东京大学生态学系的静香乔本（Shizuka Hashimoto）教授在生态系统服务预测模拟研究的指点。“BK21+”项目中的责任教授们最终成了我论文答辩委员会成员，包括李东根（Donkun Lee）教授、柳英烈（Young Ryel Ryu）教授、金世勋（Saehoon Kim）教授以及云喜延（Heeyeun Yoon）教授，他们对我在首尔大学的学术生活给予了极大的帮助和指导。还要感谢韩国国民大学的康万漠（Wanmo Kang）教授和美国加州大学戴维斯分校的詹姆斯·特罗恩（James Throne）教授在研究过程中的帮助。此外，感谢陪我度过四年国外求学时光的我的同窗挚友李英男博士，我们共同经历了一千多个首尔的日与夜，从罗马斗兽场徒步到了梵蒂冈、在巴黎铁塔上仰望星空、潜入太平洋三十米海底喂鱼……并最终一起取得了博士学位，革命友谊此生值得珍惜。

需要特别感谢的是华中科技大学景观学系学科带头人万敏教授，自2008年结识万教授以来，十几年间尽管本人因学业辗转了多个城市，仍在不同阶段承蒙他在专业上的指点和帮助。万教授学识渊博、为人谦虚、待人诚恳、亦师亦友，作为我在风景园林专业的启蒙者以及伯乐，是值得一生尊敬和效仿的学者。

最后，感谢华中科技大学建筑与城市规划学院景观学系接纳我在此工作，并提供了一个高水平的教学、学术研究平台。本书成书过程中得益于万明暄、王之羿、杭天、潘莹紫、吴童瑶等同学的帮助，多年的研究资料、数据的归纳整理和翻译，没有他们的工作，本书难以完成。由于书中大部分内容是在韩国完成且时间跨度较大，对有遗漏的贡献者特别致以歉意！

2021年9月